全国高等职业学校电类专业

数字电子技术（第三版）习题册

周大勇　主　编

中国劳动社会保障出版社

简　介

本习题册是全国高等职业学校电类专业教材《数字电子技术（第三版）》的配套用书。习题册按照教材任务顺序编排，内容紧扣教材的教学要求，注重基础知识的巩固和基本能力的培养，知识点分布均衡，题型丰富，难易适当，有助于学生复习巩固所学知识。

本习题册由周大勇任主编，林捷任副主编，牛为民、熊辉、李小会参与编写，步晓文审稿。

图书在版编目(CIP)数据

数字电子技术（第三版）习题册/周大勇主编. --北京：中国劳动社会保障出版社，2022

全国高等职业学校电类专业

ISBN 978-7-5167-5587-7

Ⅰ.①数… Ⅱ.①周… Ⅲ.①数字电路-电子技术-高等职业教育-习题集 Ⅳ.①TN79-44

中国版本图书馆 CIP 数据核字(2022)第 202972 号

中国劳动社会保障出版社出版发行

（北京市惠新东街 1 号　邮政编码：100029）

*

北京市鑫霸印务有限公司印刷装订　　新华书店经销

787 毫米×1092 毫米　16 开本　8.25 印张　180 千字

2022 年 11 月第 1 版　　2025 年 11 月第 4 次印刷

定价：18.00 元

营销中心电话：400-606-6496

出版社网址：http://www.class.com.cn

http://jg.class.com.cn

目录

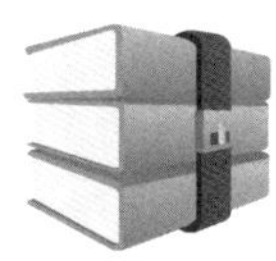

课题一　认识数字电路

任务1　认识数制与数制转换

一、填空题（将正确答案填在横线上）

1. 数字信号的特点是在________上和________上都是断续变化的，其高电平和低电平常用数字________和________来表示。

2. 4位二进制整数最低位的权是________，最高位的权是________，所能表示的最大十进制数是________。

3. 8位二进制整数最低位的权是________，最高位的权是________，所能表示的最大十进制数是________。

4. 十进制数100至少需要________位二进制数才能表示。

5. 八进制数 $[740]_8$ 至少需要________位二进制数才能表示。

6. 十六进制数0ABCDH至少需要________位二进制数才能表示。

7. 二进制的数字电路在技术上________实现，可靠性________，所用元件少，运算规则________，运算操作方便。

8. 二进制数用字母________表示，八进制数用字母________表示，十进制数用字母________表示，十六进制数用字母________表示。

9. 十进制数2023的位权展开式为____。

二、选择题（将正确答案的序号填在括号内）

1. 二进制数是用数码（　　）来表示的数。

A. 0　　B. 1

C. 0、1　　D. 0、1、2

2. 十六进制数是用数码（　　）来表示的数。

A. 0~16　　B. 0~9、A~F

C. 1~16　　D. 1~9、A~F

3. 1 位八进制数可以用（　　）位二进制数来表示。

A. 1　　B. 2

C. 3　　D. 8

4. 1 位十六进制数可以用（　　）位二进制数来表示。

A. 1　　B. 4

C. 8　　D. 16

5. 下列数值中，（　　）是十六进制数。

A. 10　　B. 10101B

C. 30H　　D. 4O

6. 与十进制数 53 等值的数是（　　）。

A. $[35]_{16}$　　B. $[64]_{8}$

C. $[11\ 0100]_{2}$　　D. $[10\ 1011]_{2}$

7. 与八进制数 $[47]_{8}$ 等值的数是（　　）。

A. $[47]_{10}$　　B. $[01\ 000\ 111]_{2}$

C. $[100\ 101]_{2}$　　D. $[27]_{16}$

三、判断题（正确的打√，错误的打 ×）

1. 数字电路单元结构简单，便于集成化，且抗干扰能力较强。（　　）
2. 多位数从低位向高位的进位规则称为数制。（　　）
3. 将二进制数转换成十进制数要用“除 2 取余”法。（　　）
4. 将十进制整数转换成二进制数要用“按权展开求和”法。（　　）
5. 八进制数 $[17]_{8}$ 比十进制数 $[17]_{10}$ 小。（　　）
6. 十六进制数 $[9]_{16}$ 比十进制数 $[9]_{10}$ 大。（　　）
7. 十六进制数 $[32]_{16}$ 比十进制数 $[32]_{10}$ 大。（　　）
8. 十六进制数 $[4]_{16}$ 与八进制数 $[4]_{8}$ 相等。（　　）
9. 十六进制数 $[40]_{16}$ 与八进制数 $[40]_{8}$ 相等。（　　）

四、简答题

1. 在数字系统中为什么要采用二进制？

2. 十六进制具有哪些优点？

五、计算题

1. 将下列二进制数转换为十进制数。

（1）$[0111]_2$　　（2）$[1111]_2$

（3）$[0001\ 1111]_2$　　（4）$[1101\ 0101]_2$

2. 将下列十进制数转换为二进制数。

（1）10　　（2）16

（3）1 024　　（4）1 030

3. 将下列二进制数转换为八进制数。

（1）$[10\ 111]_2$　　（2）$[011\ 101]_2$

（3）$[110\ 101\ 000]_2$　　（4）$[011\ 001\ 101\ 011]_2$

4. 将下列八进制数转换为二进制数。

（1）$[27]_8$　　（2）$[156]_8$

（3）$[200]_8$　　（4）$[1655]_8$

5. 将下列二进制数转换为十六进制数。

（1）$[1111]_2$　　（2）$[01\ 1111]_2$

（3）$[0011\ 0110]_2$　　（4）$[1010\ 1110\ 0110\ 0011]_2$

6. 将下列十六进制数转换为二进制数。

（1）$[16]_{16}$　　　　（2）$[2AE]_{16}$

（3）$[0B8FC]_{16}$　　　　（4）$[3FD5]_{16}$

六、分析题

4 盏指示灯 $Y_3 \sim Y_0$ 的工作状态见表 1－1，符号“¤”表示灯亮，“○”表示灯灭。试分别用二进制、十进制、八进制和十六进制表示其工作状态。

表 1－1

指示灯工作状态				不同数制表示的指示灯工作状态			
Y_3	Y_2	Y_1	Y_0	二进制	十进制	八进制	十六进制
○	○	○	○	0000	0	0	0
○	○	○	¤	0001	1	1	1
○	○	¤	○				
○	○	¤	¤				
○	¤	○	○				
○	¤	○	¤				
○	¤	¤	○				
○	¤	¤	¤				
¤	○	○	○				
¤	○	○	¤				
¤	○	¤	○				
¤	○	¤	¤				
¤	¤	○	○				
¤	¤	○	¤				
¤	¤	¤	○				
¤	¤	¤	¤				

任务2　认识二进制数算术运算

一、填空题（将正确答案填在横线上）

1. 二进制数可以进行________、________、________、________算术运算。

2. 加法运算法则为____________、____________、____________、____________。

3. 减法运算法则为____________、____________、____________、____________。

4. 乘法运算法则为____________、____________、____________、____________。

5. 除法运算法则为从被除数的高位开始减去除数，够减时商为________，不够减时商为________。

6. 在多位二进制数中，规定________位是符号位，一般约定符号位的数值为 0 表示________数，为 1 表示________数，这种表示方法称为二进制________表示法。

7. 8 位二进制数的组合称为________。

8. 4 位二进制数的组合称为________。

9. 16 位或 32 位二进制数的组合称为________。

二、选择题（将正确答案的序号填在括号内）

1. 2 位二进制数能表示的十进制数范围是（　　）。

A. 0 ~ 1　　B. 0 ~ 2

C. 0 ~ 3　　D. 1 ~ 4

2. 4 位二进制数能表示的十进制数范围是（　　）。

A. 0 ~ 14　　B. 0 ~ 15

C. 0 ~ 16　　D. 1 ~ 16

3. 一个字节能表示的十进制数最大值是（　　）。

A. 127　　B. 128

C. 255　　D. 256

4. 一个字节能表示的十进制最大正整数是（　　）。

A. +126　　B. +127

C. +255　　D. +256

5. 一个字节能表示的十进制绝对值最大的负整数是（　　）。

A. −127　　B. −128

C. −255　　D. −256

6. 一个 16 位字能表示的十进制最大正整数是（　　）。

A. +65 535　　B. +32 767

C. +32 768　　D. +32 000

7. 一个 16 位字能表示的十进制绝对值最大的负整数是（　　）。

A. －65 535　　B. －32 767

C. －32 768　　D. －32 000

三、判断题（正确的打√，错误的打×）

1. 二进制数移位相当于做乘除运算。（　　）
2. 字节或字的任意位都可以作为符号位。（　　）
3. 二进制数原码不能表示负数。（　　）
4. 二进制数原码没有负数 0。（　　）

四、简答题（给出的二进制数均是无符号数）

1. 若将二进制数 0011 移位至 0110，是左移还是右移？移动几位？应做何种运算？

2. 若将二进制数 1010 0000 移位至 0001 0100，是左移还是右移？移动几位？应做何种运算？

3. 若将 0000 1111 移位至 1111 0000，是左移还是右移？移动几位？应做何种运算？

4．若将 1000 0000 移位至 0000 0001，是左移还是右移？移动几位？应做何种运算？

5．4 位二进制无符号数的最大值是多少？8 位二进制无符号数、有符号数的最大值分别是多少？16 位二进制有符号数的最大值是多少？

五、计算题

1. 完成下列二进制算式的计算（给出的二进制数均是无符号数）。

（1）加法计算

1）10 + 1011

2）1101 1101 + 11 1101

3）1000 1101 + 11 0110

4）1101 1101 + 11 1010

（2）减法计算

1）11 0111 − 1011

2）1111 1100 − 10 1101

3）0111 0101 − 11 0101

4）1101 1111 − 10 0001

（3）乘法计算

1）1101 × 100

2）1111 × 1000

3）1011 × 110

4）1111 × 1111

（4）除法计算

1）1110 ÷ 10

2）01 1100 ÷ 100

3）1010 0000 ÷ 1000

4）1100 1100 ÷ 1100

2. 写出下列二进制原码所表示的十进制数。

（1）0111 1110

（2）1010 1111

（3）1011 1010

（4）0111 1111

（5）0110 1111

（6）1011 1111

（7）0000 0000 0000 0000

（8）0000 0000 0000 0001

（9）1000 0000 0000 0000　　　　（10）1000 0000 0000 0001

（11）0111 1111 1111 1111　　　　（12）1111 1111 1111 1111

任务3　认识二进制代码

一、填空题（将正确答案填在横线上）

1. 用来表示________、________、________等各种特定信息的______进制数的组合称为二进制代码。

2. 用________二进制代码来表示1个十进制数的编码称为BCD码。

3. BCD码用________位二进制数来表示1位十进制数。

4. 8421BCD码从高位至低位的权分别是________、________、________、________。

5. 2421BCD码从高位至低位的权分别是________、________、________、________。

6. 5421BCD码从高位至低位的权分别是________、________、________、________。

7. 余三码的每个字符编码比相应的8421BCD码多________。

8. 大写字母A的ASCII代码是________________。

9. 小写字母a的ASCII代码是________________。

10. 数字0的ASCII代码是________________。

11. 数字9的ASCII代码是________________。

12. ASCII代码由______位____________组成，一共有______个。

二、判断题（正确的打√，错误的打×）

1. 代码不仅能表示特定信息，也能表示数值的大小。（　　）

2. 数字符的 ASCII 码的低 4 位便是该数字符的 8421BCD 码。 ( )

3. 格雷码具有任意两个相邻码之间仅有一位数码不同的特性。 ( )

4. 8421BCD、2421BCD、5421BCD 码都是有权码。 ( )

5. 格雷码、余三码是无权码。 ( )

6. 8421BCD 码的 1001 比 0001 大。 ( )

7. 二进制数与 BCD 码不能直接转换，要先转换成十进制数。 ( )

三、简答题

1. 简述 8421BCD 码与二进制数的相同点与不同点。

2. 为什么格雷码是可靠性代码？

四、计算题

1. 写出下列 8421BCD 码所表示的十进制数码。

(1) $[0001\ 1001]_{8421}$

(2) $[0011\ 0110]_{8421}$

(3) $[0101\ 0111]_{8421}$

(4) $[0110\ 1000\ 1001]_{8421}$

2. 写出下列十进制数的 8421BCD 码。

（1）100

（2）128

（3）1 024

（4）2 100

3. 写出下列十进制数的 5421BCD 码。

（1）8

（2）10

（3）100

（4）128

4. 写出下列十进制数的余三 BCD 码。

（1）8

（2）10

（3）100

（4）128

任务4 认识基本逻辑关系并测试逻辑门

一、填空题（将正确答案填在横线上）

1. 只有当决定一件事情的所有条件全部具备时，这件事情才会发生，这种因果关系称为________逻辑。

2. 在决定一件事情的全部条件中，只要具备一个或一个以上的条件，这件事情就会发生，这种因果关系称为________逻辑。

3. 决定一件事情的条件只有一个，当条件具备时，这件事情不会发生；当条件不具备时，这件事情一定发生，这种因果关系称为________逻辑。

4. 逻辑函数的常用表示方法有______________、______________、______________、______________。

5. 为了更清晰地表示电路的逻辑关系，门电路符号只标示具有逻辑关系的管脚，而将________管脚和________管脚隐去。

6. 在仿真测试软件中，AND、OR、NOT、EOR、NAND、NOR 分别表示________门、________门、________门、________门、________门、________门。

7. 基本逻辑关系有________、________、________三种。

8. 与门电路是当全部输入为________时，输出才为 1。

9. 或门电路是当全部输入为________时，输出才为 0。

10. 非门电路是当输入为________时，输出为 0；当输入为________时，输出为 1。

11. “Y 等于 A 与 B”的逻辑函数式为____________。

12. “Y 等于 A 或 B”的逻辑函数式为____________。

13. “Y 等于 A 非”的逻辑函数式为____________。

14. “Y 等于 A 与非 B”的逻辑函数式为____________。

15. “Y 等于 A 或非 B”的逻辑函数式为____________。

16. “Y 等于 A 异或 B”的逻辑函数式为____________。

二、选择题（将正确答案的序号填在括号内）

1. 3 输入端与门电路在输入端为（　　）状态下输出为 1。

A. 000　　B. 011

C. 110　　D. 111

2. 3 输入端或门电路在输入端为（　　）状态下输出为 0。

A. 000　　B. 101

C. 010　　D. 001

3. 3 输入端与非门电路在输入端为（　　）状态下输出为 0。

A. 000　　B. 001

C. 101　　D. 111

4. 3 输入端或非门电路在输入端为（　　）状态下输出为 1。

A. 000　　B. 010

C. 100　　D. 110

5. 异或门电路在输入端为（　　）状态下输出为 1。

A. 00　　B. 01

C. 10　　D. 11

6. 异或门电路在输入端为（　　）状态下输出为 0。

A. 00　　B. 01

C. 10　　D. 11

7. 能实现“有 1 出 1，全 0 出 0”逻辑功能的是（　　）。

A. 与门　　B. 或门

C. 非门　　D. 或非门

8. 2 输入端与非门在输入端为（　　）状态下输出为 0。

A. 00　　B. 01

C. 10　　D. 11

9. 2 输入端或非门在输入端为（　　）状态下输出为 1。

A. 00　　B. 01

C. 10　　D. 11

10. 走廊里有一盏灯，在走廊两头各有一个开关，若不论哪一个开关接通都能使灯点亮，那么设计的电路为（　　）。

A. “与”门电路　　B. “或”门电路

C. “非”门电路　　D. 以上都不正确

三、判断题（正确的打√，错误的打×）

1. 在正逻辑中，开关接通、负载通电用 1 表示。（　　）
2. 逻辑变量的取值，1 比 0 大。（　　）
3. 能实现某种逻辑功能的数字电路称为逻辑门电路。（　　）
4. 当输入条件不满足时，门电路关闭。（　　）
5. 逻辑门电路可以有多个输出端。（　　）
6. 逻辑真值表中只需标出部分输入、输出逻辑值。（　　）
7. 与非逻辑运算顺序是先“非”后“与”。（　　）
8. 或非逻辑运算顺序是先“或”后“非”。（　　）
9. 逻辑真值表、逻辑波形图和逻辑函数式都可以反映逻辑关系。（　　）
10. 逻辑门电路可以有多个输入端。（　　）

四、计算题

1. 控制电路如图 1 - 1 所示，试列出开关与负载控制关系的真值表（见表 1 - 2），并写出逻辑函数式。

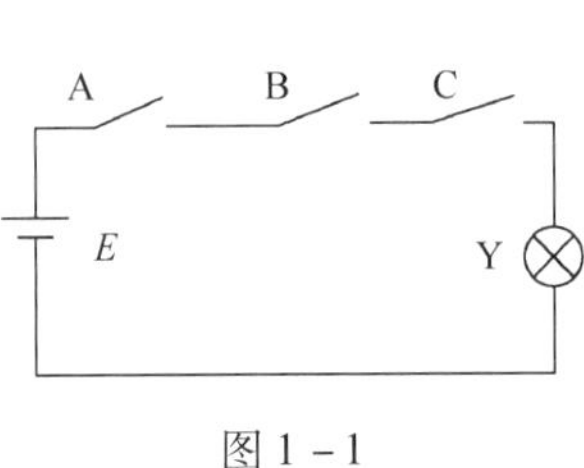

图 1 - 1

表 1 - 2

A	B	C	Y
0	0	0	
0	0	1	
0	1	0	
0	1	1	
1	0	0	
1	0	1	
1	1	0	
1	1	1	

2. 控制电路如图 1 - 2 所示，试列出开关与负载控制关系的真值表（见表 1 - 3），并写出逻辑函数式。

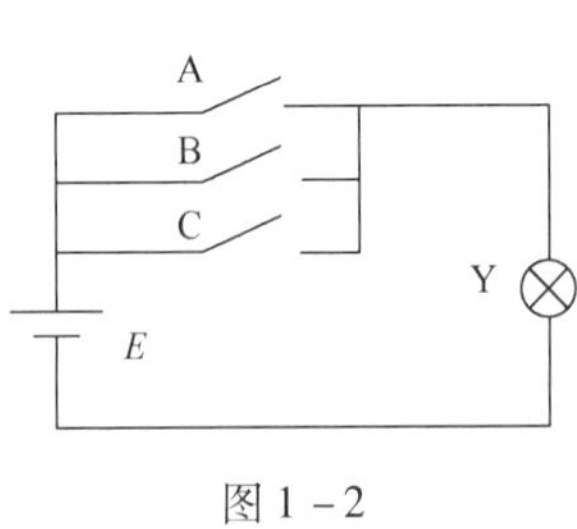

图 1 - 2

表 1 - 3

A	B	C	Y
0	0	0	
0	0	1	
0	1	0	
0	1	1	
1	0	0	
1	0	1	
1	1	0	
1	1	1	

3. 控制电路如图 1－3 所示，试列出开关与负载控制关系的真值表（见表 1－4），并写出逻辑函数式。

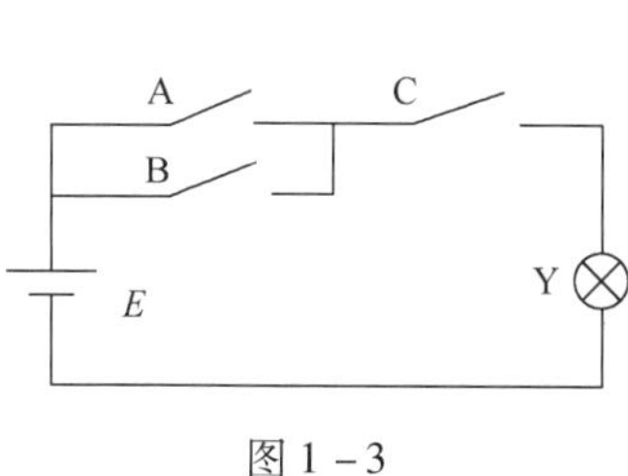

图 1－3

表 1－4

A	B	C	Y
0	0	0	
0	0	1	
0	1	0	
0	1	1	
1	0	0	
1	0	1	
1	1	0	
1	1	1	

五、绘图题

1. 已知某 2 输入端的与门电路输入波形如图 1－4 所示，试绘出输出波形 Y。

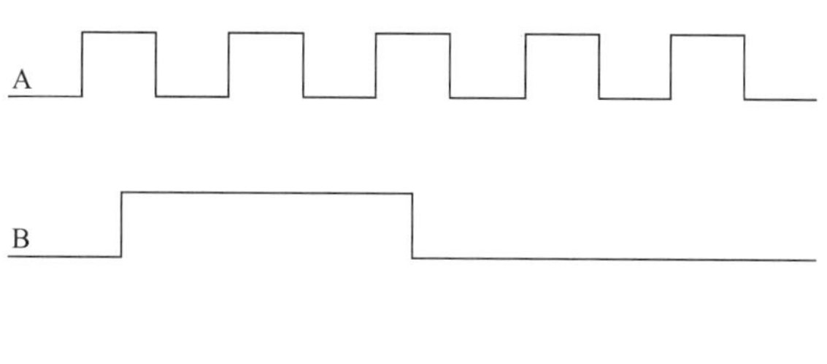

图 1－4

2. 已知某 2 输入端的或门电路输入波形如图 1－5 所示，试绘出输出波形 Y。

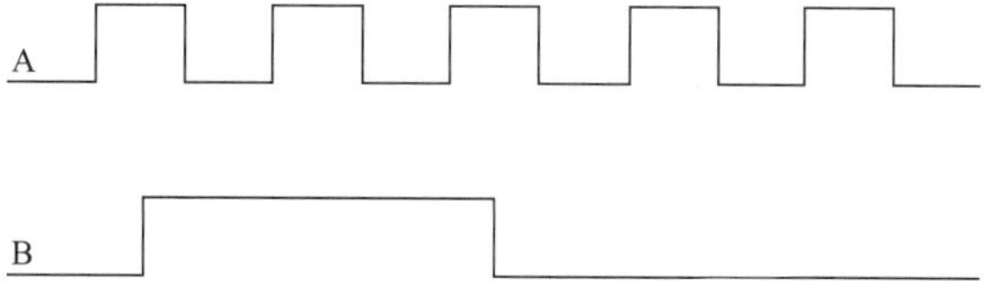

图 1－5

3. 已知某非门电路输入波形如图 1 – 6 所示，试绘出输出波形 Y。

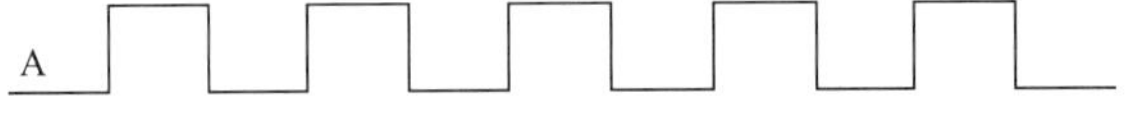

Y

图 1 – 6

4. 已知某 2 输入端的与非门电路输入波形如图 1 – 7 所示，试绘出输出波形 Y。

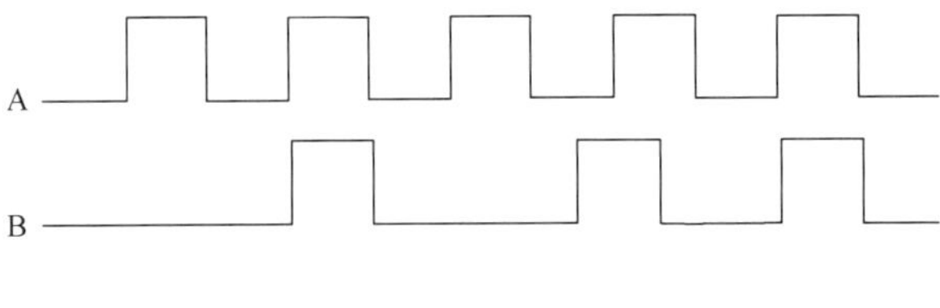

Y

图 1 – 7

5. 已知某 2 输入端的或非门电路输入波形如图 1 – 8 所示，试绘出输出波形 Y。

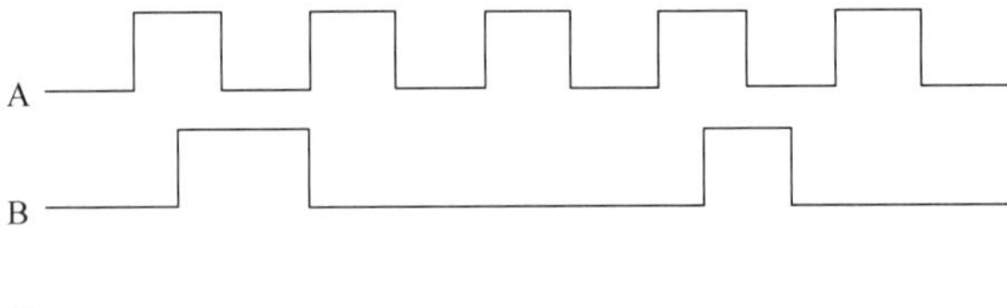

Y

图 1 – 8

6. 已知某异或门电路输入波形如图 1 – 9 所示，试绘出输出波形 Y。

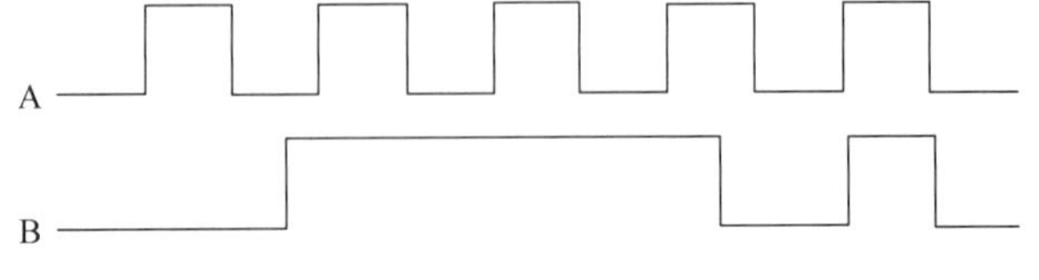

Y

图 1 – 9

任务5 测试 TTL 集成门电路

一、填空题（将正确答案填在横线上）

1. 常用数字集成逻辑电路有________和________两大类。
2. 集成电路具有________、________、________、________、__________等优点。
3. 三态门的三种输出状态分别是________、________、________。
4. 74××和74LS××分别表示________型和________________型 TTL 集成门电路。
5. 集电极开路门工作时必须外接________________和________________。
6. 与非门电压传输特性曲线分为________区、________区、________区。
7. 数字电路按电路集成度可分为________、________、________和________集成电路。
8. TTL 集成门电路的电源电压范围是________V，额定电压是______V。
9. OC 门也称为________门，多个 OC 门输出端并联在一起可以实现________功能。
10. 集成门电路空载时，_________随___________变化的曲线称为电压传输特性曲线。

二、选择题（将正确答案的序号填在括号内）

1. TTL 集成门电路使用的电源电压典型值是（　　）V。
   A. 12　　B. 3
   C. 6　　D. 5
2. TTL 集成门电路低电平输入信号的最小值是（　　）V。
   A. 0　　B. 0.5
   C. 0.8　　D. 1
3. TTL 集成门电路低电平输入信号的最大值是（　　）V。
   A. 0　　B. 0.5
   C. 0.8　　D. 1
4. TTL 集成门电路高电平输入信号的最小值是（　　）V。
   A. 2　　B. 3
   C. 4　　D. 5
5. TTL 集成门电路高电平输入信号的最大值是（　　）V。
   A. 2　　B. 3
   C. 4　　D. 5
6. TTL 集成门电路高电平输出信号的典型值是（　　）V。
   A. 3　　B. 3.4
   C. 4　　D. 5

7. TTL 集成门电路低电平输出信号的典型值是（　　）V。

A. 0　　B. 0.35

C. 0.5　　D. 0.8

8. 当三态门输出为高阻态时，（　　）。

A. 输出端与地之间电流较大　　B. 相当于悬空

C. 输出端对地电阻为 0　　D. 电压不高不低

9. 用集电极开路门进行电平转换，负载电压为 9 V，外接驱动电压应为（　　）V。

A. 5　　B. 6

C. 9　　D. 12

三、判断题（正确的打√，错误的打×）

1. TTL 集成门电路输入信号电压不得高于 V_{CC}，也不得低于 0 V。（　　）
2. TTL 集成门电路输入信号电平只能在 0.8～2 V。（　　）
3. TTL 集成门电路低电平输出信号幅度为 0～0.5 V。（　　）
4. TTL 集成门电路高电平输出信号幅度为 2.7～5 V。（　　）
5. 插拔集成电路前，不需要切断电源。（　　）
6. 测试 TTL 集成门电路的管脚阻值，应选择万用表 $R \times 10$ k 量程。（　　）
7. 测试集成电路的正向阻值时，将万用表黑表笔接 GND，红表笔依次接其他管脚。（　　）
8. 测试集成电路的反向阻值时，将万用表红表笔接 GND，黑表笔依次接其他管脚。（　　）
9. TTL 与非门的多余输入端可以接固定高电平。（　　）
10. TTL 与非门的输入端悬空时相当于输入信号为高电平。（　　）
11. 普通逻辑门电路的输出端不允许并联在一起。（　　）
12. 与非门器件 74LS00 与 7400 的逻辑功能完全相同。（　　）

四、简答题

1. 集电极开路门在电路结构上有什么特点？OC 门电路如何实现“线与”逻辑？

2. 如何识别集成电路的管脚？

3. TTL 与非门的多余输入端应如何处理？TTL 或非门的多余输入端应如何处理？

4. TTL 集成门电路的多余输出端应如何处理？

5. 若 TTL 与非门的一个输入端接高电平，其他输入端做以下六种不同情况的连接，则输出分别为何种状态？

（1）其他输入端悬空。

（2）其他输入端接 V_{CC}。

（3）其他输入端接 GND。

（4）有一个输入端接地，其他输入端接 V_{CC}。

（5）有一个输入端通过 1 kΩ 电阻接地，其他输入端接 V_{CC}。

（6）有一个输入端通过 200 kΩ 电阻接地，其他输入端接 V_{CC}。

任务 6　测试 CMOS 集成门电路

一、填空题（将正确答案填在横线上）

1. CMOS 集成门电路由________管和________管共同组成互补型电路。

2. CMOS 集成门电路具有静态功耗________、电源电压范围________、噪声容限________、输出信号摆幅________、输入阻抗________、扇出系数________等优点。

3. CMOS 集成门电路的工作电压范围是__________ V。

二、选择题（将正确答案的序号填在括号内）

1. TTL 集成门电路使用的电源电压额定值是（　　）V。

A. 12　　　　B. 3

C. 6　　　　D. 5

2. 使用 CMOS 集成门电路开机时，应先加（　　）电压，再加（　　）信号；关机时，应先关掉（　　）信号，再切断（　　）。

A. 电源　　　　B. 输入

C. 输出　　　　D. 栅极

3. CMOS 非门电路的（　　）。

A. 两个管子始终有一个处于截止状态

B. NMOS 管始终截止

C. PMOS 管始终导通

D. PMOS 管始终截止

三、判断题（正确的打√，错误的打×）

1. CMOS 集成门电路输出电压的动态范围大于 TTL 集成门电路。（　　）

2. CMOS 集成门电路的输入阻抗远远高于 TTL 集成门电路。（　　）

3. CMOS 集成门电路的输入端不能悬空。（　　）

4. CMOS 集成门电路的输出电流和功率消耗均高于 TTL 集成门电路。（　　）

5. 不要用手接触 CMOS 器件芯片的管脚，因为人体静电容易损坏芯片。（　　）

6. CMOS 与非门与 TTL 与非门的逻辑功能完全相同。（　　）

四、简答题

1. 为什么 CMOS 集成门电路容易受静电影响而损坏？

2. 如何存放 CMOS 器件？

3. 如何正确连接 CMOS 器件的电源和信号源？

任务7　测试集成门电路的逻辑功能

一、填空题（将正确答案填在横线上）

1. 测试集成电路管脚阻值时，应将万用表量程调至________。

2. 在连接电路之前，应先检测直流电源的输出电压是否为________V，如有偏差要进行调整，并检查电源输出线的________是否连接正确。

3. 安装集成电路块时要注意凹口方向应向________。

4. 不要在________状态下插拔集成电路，否则容易造成集成电路损坏。

5. 如果电压表数值偏差太大，应先________，然后检查电路和仪表。

二、选择题（将正确答案的序号填在括号内）

1. CMOS 电路的高电平输出电流 I_{OH} 和低电平输出电流 I_{OL} 的大小关系是（　　）。

A. $I_{OH} > I_{OL}$　　B. $I_{OH} < I_{OL}$

C. $I_{OH} = I_{OL}$　　D. 不确定

2. 在数字电路系统中，设计接口电路时，一般要考虑（　　）和（　　）。

A. 电平匹配　　B. 电流匹配

C. 集成电路匹配　　D. 功耗大小

3. CD4011 芯片上集成了四个 2 输入端的（　　）。

A. 与门　　B. 或门

C. 与非门　　D. 非门

4. 74LS00 芯片上集成了四个 2 输入端的（　　）。

A. 与门　　B. 异或门

C. 与非门　　D. 非门

三、判断题（正确的打√，错误的打×）

1. TTL 电路的高电平输出电流 I_{OH} 远远大于低电平输出电流 I_{OL}。（　　）

2. 在数字电路系统中，不同类型的集成电路不能混合使用。（　　）

3. 74LS04 芯片内部集成有六个反相器。（　　）

四、简答题

1. 为什么 TTL 集成门电路适合用低电平去驱动负载?

2. 为什么 CMOS 集成门电路的高、低电平都可以驱动负载?

3. 如何用 TTL 电路驱动 CMOS 电路?

4. 如何用 CMOS 电路驱动 TTL 电路?

任务 8 化简逻辑函数

一、填空题(将正确答案填在横线上)

1. 逻辑变量的取值只有________和________。
2. 如果逻辑变量 $A=1$，则 $\overline{A}=$ ________。
3. 如果逻辑变量 $A=0$，则 $\overline{A}=$ ________。
4. 逻辑变量 $A+A=$ ________。
5. 逻辑变量 $A+\overline{A}=$ ________。

6. 逻辑变量 $0 + A =$ ________。

7. 逻辑变量 $1 + A =$ ________。

8. 逻辑变量 $A \cdot \overline{A} =$ ________。

9. 逻辑变量 $1 \cdot A =$ ________。

10. 逻辑变量 $A \cdot A =$ ________。

二、选择题（将正确答案的序号填在括号内）

1. 下列表达式中，符合逻辑运算法则的是（　　）。

A. $1 + 1 = 10$　　B. $A + 1 = 1$

C. $0 < 1$　　D. $A \cdot A = A^2$

2. 当逻辑变量有 n 个变量时，共有（　　）个变量取值组合。

A. n　　B. $2n$

C. n^2　　D. 2^n

3. 逻辑函数的表示方法中具有唯一性的是（　　）。

A. 真值表　　B. 逻辑函数式

C. 逻辑图　　D. 卡诺图

三、判断题（正确的打√，错误的打×）

1. 逻辑功能相同的数字电路，其逻辑函数式也一定相同。（　　）

2. 逻辑代数中的字母变量和普通代数中的字母变量完全一样。（　　）

3. 逻辑代数既能表示逻辑关系，也能表示数量关系。（　　）

四、简答题

1. 为什么要化简逻辑函数式？

2. 最简“与或”逻辑函数式的标准是什么？

3. 什么是逻辑函数式的最小项?

4. 在卡诺图中，2 个、4 个、8 个逻辑相邻的小方格可以分别消去几对不同的变量?

五、证明题

1. 用真值表证明下列等式成立。

（1）$A \cdot A = A$（见表 1 -5）

表 1 -5

变量	逻辑函数式的左边	逻辑函数式的右边
A	$A \cdot A$	A
0	$0 \cdot 0 = 0$	
1	$1 \cdot 1 = 1$	

（2）$A \cdot \overline{A} = 0$（见表 1 -6）

表 1 -6

变量	运算过程	逻辑函数式的左边	逻辑函数式的右边
A	$\overline{A}$	$A \cdot \overline{A}$	0
0			0
1			0

（3）$A + \overline{A} = 1$（见表 1 -7）

表 1 -7

变量	运算过程	逻辑函数式的左边	逻辑函数式的右边
A	$\overline{A}$	$A + \overline{A}$	1
0			1
1			1

（4） A + 1 = 1 （见表 1 – 8）

表 1 – 8

变量	逻辑函数式的左边	逻辑函数式的右边
A	A + 1	1
0		1
1		1

（5） A + A = A （见表 1 – 9）

表 1 – 9

变量	逻辑函数式的左边	逻辑函数式的右边
A	A + A	A
0		
1		

（6） A + AB = A （见表 1 – 10）

表 1 – 10

变量		运算过程	逻辑函数式的左边	逻辑函数式的右边
A	B	AB	A + AB	A
0	0			
0	1			
1	0			
1	1			

（7） A(A + B) = A （见表 1 – 11）

表 1 – 11

变量		运算过程	逻辑函数式的左边	逻辑函数式的右边
A	B	A + B	A （A + B）	A
0	0			
0	1			
1	0			
1	1			

(8) $A+\overline{A}B=A+B$（见表 1－12）

表 1－12

变量		运算过程		逻辑函数式的左边	逻辑函数式的右边
A	B	$\overline{A}$	$\overline{A}B$	$A+\overline{A}B$	$A+B$
0	0				
0	1				
1	0				
1	1				

(9) $\overline{AB}=\overline{A}+\overline{B}$（见表 1－13）

表 1－13

变量		运算过程		逻辑函数式的左边	逻辑函数式的右边
A	B	$\overline{A}$	$\overline{B}$	$\overline{AB}$	$\overline{A}+\overline{B}$
0	0				
0	1				
1	0				
1	1				

(10) $\overline{A+B}=\overline{A}\cdot\overline{B}$（见表 1－14）

表 1－14

变量		运算过程		逻辑函数式的左边	逻辑函数式的右边
A	B	$\overline{A}$	$\overline{B}$	$\overline{A+B}$	$\overline{A}\cdot\overline{B}$
0	0				
0	1				
1	0				
1	1				

2. 用公式法证明下列等式成立。

(1) $A+AB=A$

(2) $A+\overline{A}B=A+B$

(3) $(A+D)(\overline{B}+D)=A\overline{B}+D$

(4) $AB+A\overline{B}+\overline{A}B+\overline{A}\overline{B}=1$

(5) $(A+B)(A+C)=A+BC$

(6) $ABC+A\overline{B}C+AB\overline{C}=AB+AC$

(7) $(A+B)(\overline{A}+\overline{B})=A\overline{B}+\overline{A}B$

(8) $(A+B)(A+\overline{B})(\overline{A}+B)=AB$

(9) $(A+\overline{C})(B+D)(B+\overline{D})=AB+B\overline{C}$

六、化简题

1. 用公式法将下列逻辑函数化为最简与或形式。

(1) $Y=A(\overline{A}+B)$

（2） $Y = A\overline{B} + B + \overline{A}B$

（3） $Y = ABC + \overline{A} + \overline{B} + \overline{C} + D$

（4） $Y = A\overline{B}C + A\overline{B} + A\overline{D} + \overline{A}\ \overline{D}$

2. 将下列逻辑函数化为最小项之和的形式。

（1） $Y = \overline{A}B + \overline{B}C$

（2） $Y = \overline{A}BCD + AB\overline{C} + \overline{B}D$

3. 用卡诺图将下列逻辑函数化为最简与或形式。

（1） $Y = A\overline{B} + \overline{A}C + BC + \overline{C}D$

(2) $Y(A, B, C) = \sum m(0, 1, 2, 6)$

综合练习一

一、识别题

在图 1－10 中，T1～T6 所示为国标逻辑门电路图形符号，T7～T12 所示为非国标逻辑门电路图形符号，在各图形符号下面标出对应的门电路名称。

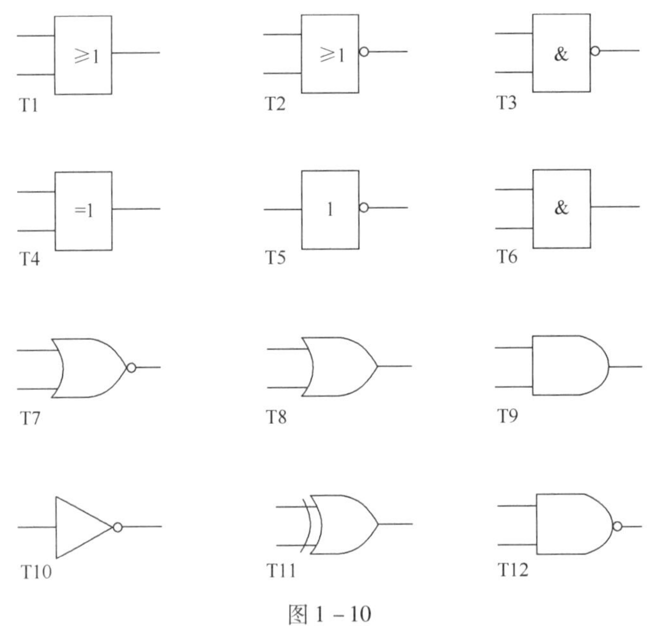

图 1－10

二、填空题（将正确答案填在横线上）

1. 对于十进制数 8，用 8421BCD 码表示应为________，用 2421BCD 码表示应为________，用 5421BCD 码表示应为________，用余三 BCD 码表示应为________。

2. 格雷码在递增或递减时，只有________位数码发生变化。

三、判断题（正确的打√，错误的打×）

1. 若两个函数具有相同的真值表，则两个逻辑函数必然相等。（　）

2. 因为逻辑函数式 $A + B + AB = A + B$ 成立，所以 $AB = 0$ 成立。（　）

3. 逻辑函数式 Y = A + B + C + B 已是最简与或表达式。 ( )

4. 三态门的三种状态分别为高电平、低电平和 1/2 高电平。 ( )

5. 将 100 个 “1” 异或后，结果是 “0”。 ( )

6. 异或函数与同或函数在逻辑上互为反函数。 ( )

7. 逻辑变量的取值，1 比 0 大。 ( )

8. 相同功能的 TTL 集成门电路和 CMOS 集成门电路相比，前者的功耗大。 ( )

9. 十进制数 $(9)_{10}$ 比十六进制数 $(9)_{16}$ 小。 ( )

四、证明题

1. 利用真值表证明下列等式。

(1) $\overline{A+B+C}=\overline{A}\cdot\overline{B}\cdot\overline{C}$（见表 1-15）

表 1-15

变量			逻辑函数式的左边	运算过程			逻辑函数式的右边
A	B	C	$\overline{A+B+C}$	$\overline{A}$	$\overline{B}$	$\overline{C}$	$\overline{A}\cdot\overline{B}\cdot\overline{C}$
0	0	0					
0	0	1					
0	1	0					
0	1	1					
1	0	0					
1	0	1					
1	1	0					
1	1	1					

(2) $\overline{ABC}=\overline{A}+\overline{B}+\overline{C}$（见表 1-16）

表 1-16

变量			逻辑函数式的左边	运算过程			逻辑函数式的右边
A	B	C	$\overline{ABC}$	$\overline{A}$	$\overline{B}$	$\overline{C}$	$\overline{A}+\overline{B}+\overline{C}$
0	0	0					
0	0	1					
0	1	0					
0	1	1					
1	0	0					
1	0	1					
1	1	0					
1	1	1					

(3) $A \oplus (A \oplus B) = B$ (见表 1－17)

表 1－17

变量		运算过程	逻辑函数式的左边	逻辑函数式的右边
A	B	$A \oplus B$	$A \oplus (A \oplus B)$	B
0	0			
0	1			
1	0			
1	1			

2. 用公式法证明下列等式。

(1) $AB + A\overline{B} + \overline{A}B + \overline{A} \cdot \overline{B} = 1$

(2) $(A + B)(A + \overline{B})(\overline{A} + B)(\overline{A} + \overline{B}) = 0$

(3) $A \oplus (A \oplus B) = B$

五、化简题（将下列逻辑函数化为最简与或形式）

1. $Y = A(\overline{A} + \overline{B})(\overline{A} + B)(A + \overline{B})$

2. $Y = ABC + \overline{A}BC + A\overline{B}C$

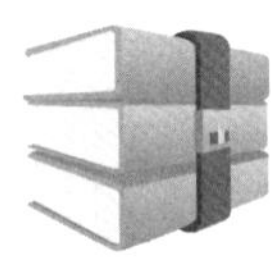

课题二　组装与测试组合逻辑电路

任务1　分析和测试给定的组合逻辑电路

一、填空题（将正确答案填在横线上）

1. 数字电路按逻辑功能可分为________逻辑电路和________逻辑电路。

2. 组合逻辑电路中不能有________电路和________电路。

3. 组合逻辑电路在任意时刻的输出状态仅取决于____________________________。

4. 应用组合逻辑电路可以实现________器、________器、________器、________器、________器。

5. 组合逻辑电路分析的一般步骤为：①按信号传递方向__________逐级写出电路的____________；②由逻辑函数式列出____________；③根据________分析____________。

6. 奇偶校验的方法是每个字节加上________个奇偶校验位。偶校验是每个字节传输的数据中1的总数为____________数。奇校验是每个字节传输的数据中1的总数为________数。

二、证明题

证明图2－1至图2－5同一张图中两电路的逻辑功能相同。

1.

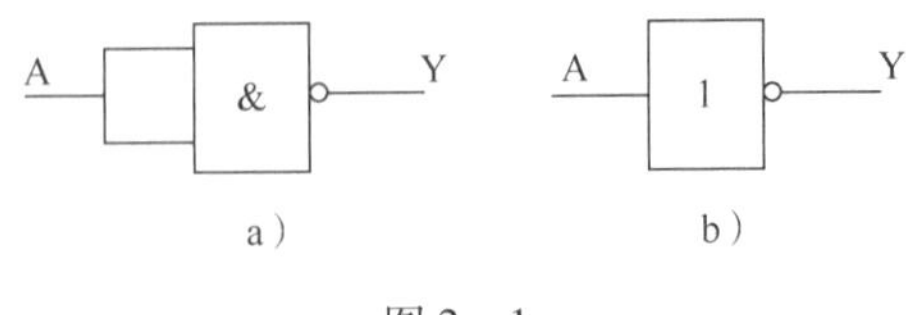

图2－1

2.

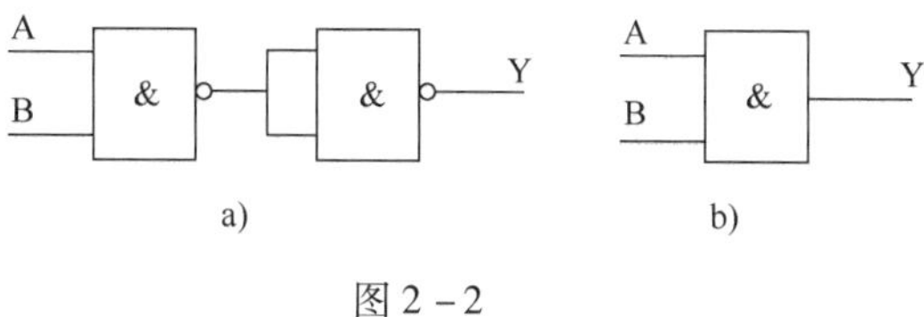

图 2－2

3.

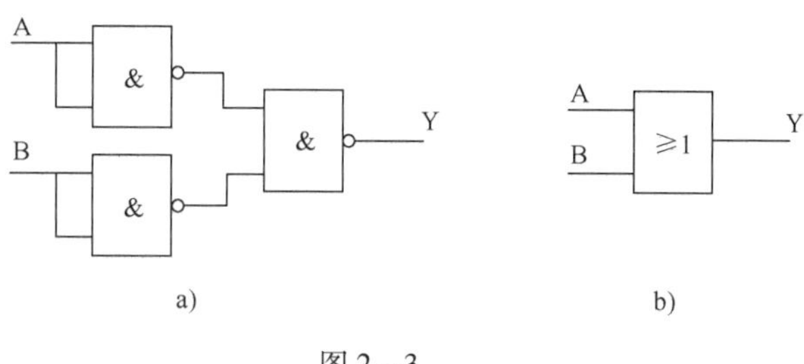

图 2－3

4.

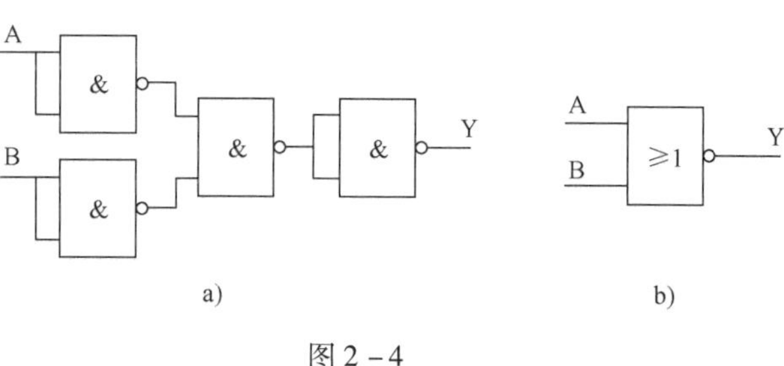

图 2－4

5.

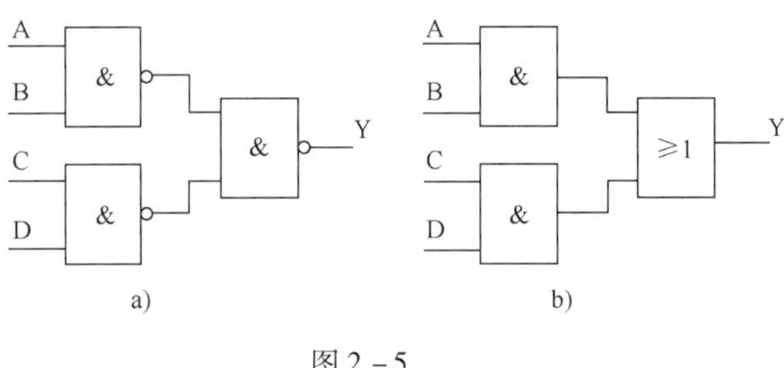

图 2－5

三、分析题

1. 分析图 2－6 所示电路的逻辑功能，并完成真值表（见表 2－1）。

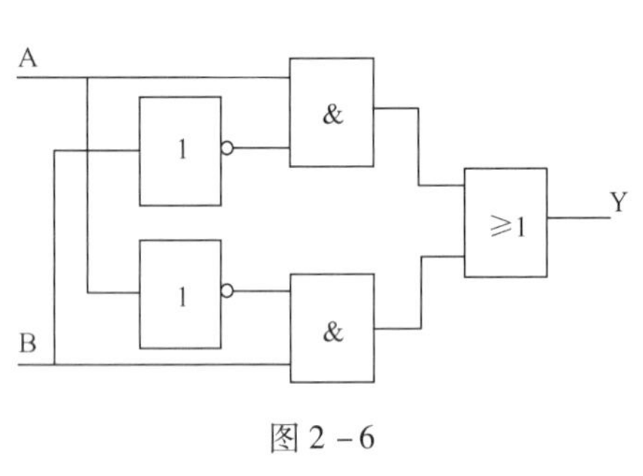

图 2－6

表 2－1

A	B	Y
0	0	
0	1	
1	0	
1	1	

2. 分析图 2－7 所示电路的逻辑功能，并完成真值表（见表 2－2）。

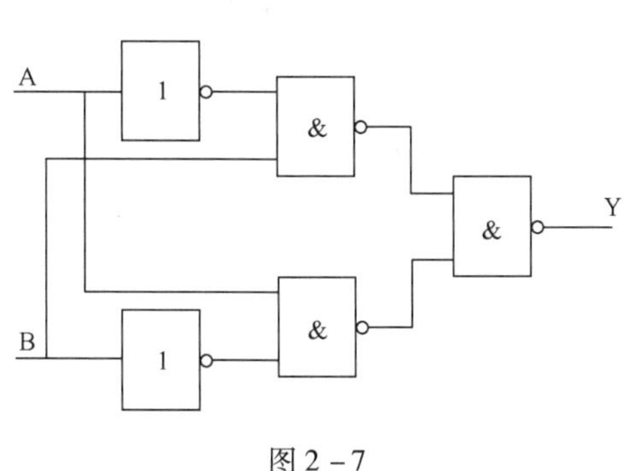

图 2－7

表 2－2

A	B	Y
0	0	
0	1	
1	0	
1	1	

3. 分析图 2－8 所示电路的逻辑功能，并完成真值表（见表 2－3）。

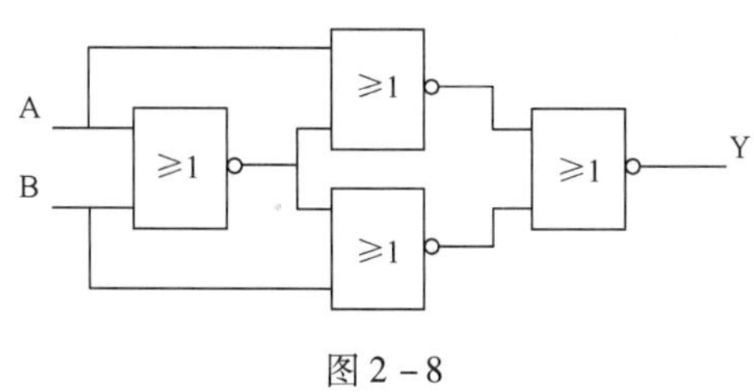

图 2－8

表 2－3

A	B	Y
0	0	
0	1	
1	0	
1	1	

4. 分析图 2 –9 所示电路的逻辑功能，并完成真值表（见表 2 –4）。

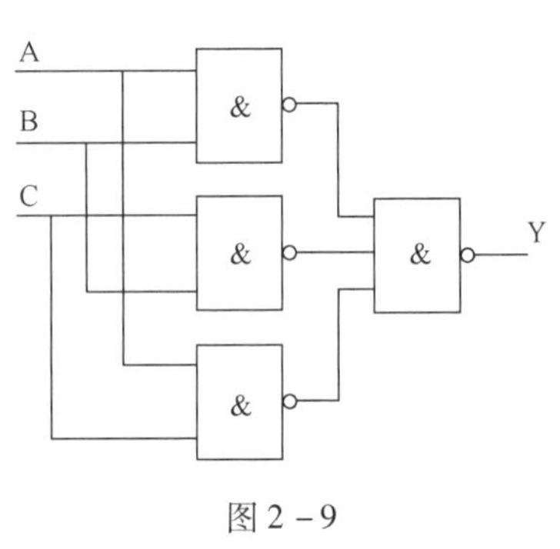

图 2 –9

表 2 –4

A	B	C	Y
0	0	0	
0	0	1	
0	1	0	
0	1	1	
1	0	0	
1	0	1	
1	1	0	
1	1	1	

任务 2　设计和测试 “四舍五入” 逻辑电路

一、填空题（将正确答案填在横线上）

1. 把生产中对电路逻辑功能的实际要求抽象为________________进行处理，再用实际逻辑电路来实现，称为组合逻辑电路的设计。

2. 组合逻辑电路设计的一般步骤为：①根据设计要求设置________、________变量；②列出____________；③写出________________，并通过化简得到最简逻辑函数式；④绘出________________；⑤用________________完成逻辑电路的装配与调试。

二、简答题

什么是约束项？为什么可以将约束项加到逻辑函数式中或从逻辑函数式中删掉？在化简逻辑函数式时怎样利用约束项？

三、设计题

1. 设计一个3变量的多数表决器逻辑电路，并完成真值表（见表2-5）。提示：可使用一片74LS08和一片74LS32。

表2-5

A	B	C	Y
0	0	0	
0	0	1	
0	1	0	
0	1	1	
1	0	0	
1	0	1	
1	1	0	
1	1	1	

2. 用一片74LS00构成的组合逻辑电路来实现小组决议表决功能，并完成真值表（见表2-6）。要求：该小组有1名组长A，2名组员B和C。如果组长同意，则无论2名组员是否同意，决议都通过；如果组长不同意，但2名组员都同意，则决议也可通过。

表2-6

A	B	C	Y
0	0	0	
0	0	1	
0	1	0	
0	1	1	
1	0	0	
1	0	1	
1	1	0	
1	1	1	

3. 用一片74LS00构成的组合逻辑电路来实现举重项目裁判功能，并完成真值表（见表2-7）。要求：只有当3名裁判（包括裁判长A）或裁判长A和1名裁判（B或C）认为杠铃已举起时，此次举重成功，否则举重失败。

表 2-7

A	B	C	Y
0	0	0	
0	0	1	
0	1	0	
0	1	1	
1	0	0	
1	0	1	
1	1	0	
1	1	1	

任务3　组装十进制数码显示电路

一、填空题（将正确答案填在横线上）

1. 十进制编码器是将十进制数编成____________码。
2. 优先编码器只对优先级别________的输入信号进行编码。
3. 半导体数码管由________段发光二极管组成。
4. 半导体数码管按内部连接方式分为共________极和共________极两类。
5. 将特定信息转换为一组二进制代码的过程称为________。
6. 集成电路 74LS147 是二-十进制________编码器。
7. 译码是________的逆过程。
8. 译码器 CD4511 可以将输入的________译为____________。

二、选择题（将正确答案的序号填在括号内）

1. 编码器 74LS147 的输入信号为（　　）电平有效。

A. 0　　　　B. 1

C. 0 或 1　　　　D. $\frac{1}{2}V_{CC}$

2. 编码器 74LS147 的输出信号为（　　）。

A. 8421BCD 码　　　　B. 8421BCD 反码

C. 二进制原码　　　　D. 二进制反码

3. 译码器 CD4511 的有效输入信号为（　　）。

A. 8421BCD 码　　　　B. 8421BCD 反码

C. 二进制原码　　　　D. 二进制反码

4. 译码器 CD4511 的输出信号为（　　）。

A. 8421BCD 码　　B. 8421BCD 反码

C. 二进制原码　　D. 七段字形显示码

5. 译码器 74LS42 的有效输入信号为（　　）。

A. 8421BCD 码　　B. 8421BCD 反码

C. 十进制原码　　D. 十进制反码

6. 译码器 74LS42 的译码输出信号为（　　）。

A. 1 个输出端为有效低电平　　B. 4 个输出端为有效低电平

C. 1 个输出端为有效高电平　　D. 4 个输出端为有效高电平

7. 数字 0 的七段显示码为（　　）。

A. 001 1111　　B. 011 0011

C. 111 1110　　D. 111 1111

8. 数字 8 的七段显示码为（　　）。

A. 001 1111　　B. 011 0011

C. 111 1110　　D. 111 1111

三、判断题（正确的打√，错误的打×）

1. 编码器和译码器都有多个输入端和输出端。（　　）
2. CD4511 输入信号为非 8421BCD 码时，输出显示全灭。（　　）
3. CD4511 可以直接驱动共阳极 LED 数码管。（　　）
4. 在优先编码器中，不允许同时存在两个以上的编码请求信号。（　　）
5. 字形译码器是将输入代码译成七段字形显示码。（　　）

四、简答题

1. 74LS147 的输出编码有什么特点？

2. 举例说明十进制数码显示电路的工作原理。

五、绘图题

1. 图 2－10 所示为编码器 74LS147 的逻辑符号图，在其管脚上标出文字符号。

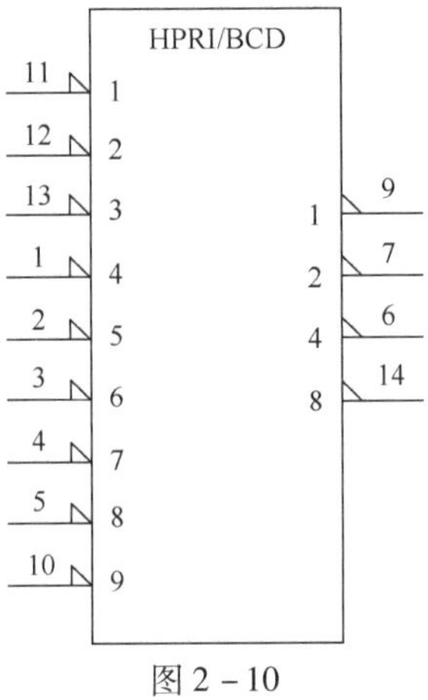

图 2－10

2. 图 2－11 所示为译码器 CD4511 的逻辑符号图，在其管脚上标出文字符号。

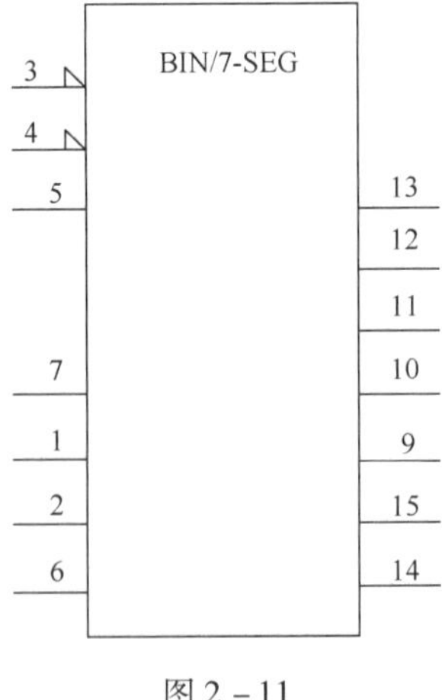

图 2－11

3. 图 2－12 所示为译码器 74LS42 的逻辑符号图，在其管脚上标出文字符号。

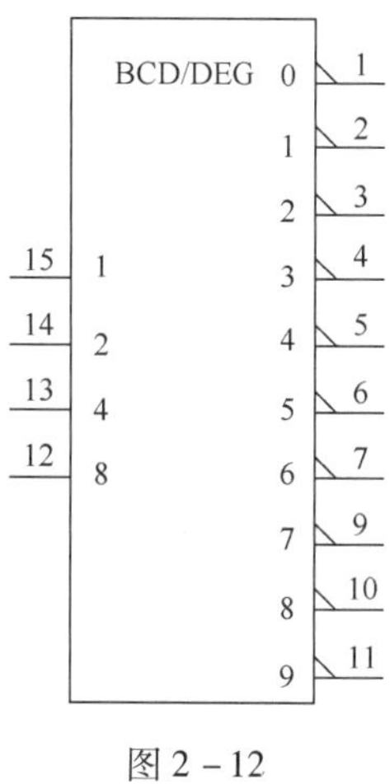

图 2－12

六、设计题

1. 在图 2－13 中用译码器 74LS42 和必要的逻辑门设计一个产生“四舍五入”进位信号的逻辑电路，输入为 8421BCD 码 X(A，B，C，D)，要求 X＞4 时输出 Y 为 1，其他情况输出 Y 为 0。

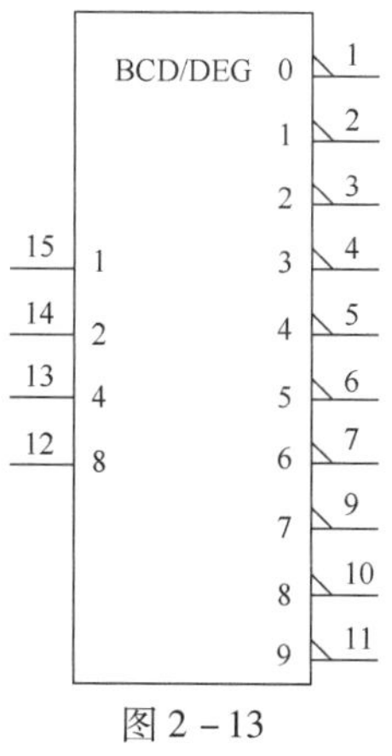

图 2－13

2. 在图 2－14 中用译码器 74LS138 和必要的逻辑门设计一个奇偶判别电路，输入为 3 位二进制代码 X(A，B，C)，要求 X 为奇数时输出 Y 为 1，否则 Y 为 0。

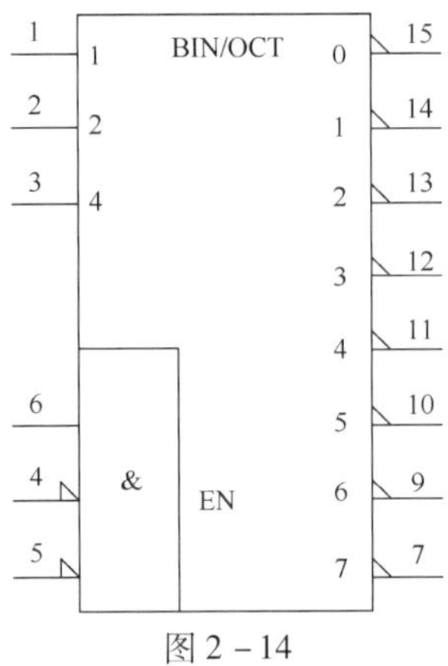

图 2－14

3. 在图 2－15 中用译码器 74LS138 和必要的逻辑门设计 A、B、C 多数表决电路，有 2 个或 2 个以上输入为 1 时，输出 Y 为 1，否则 Y 为 0。

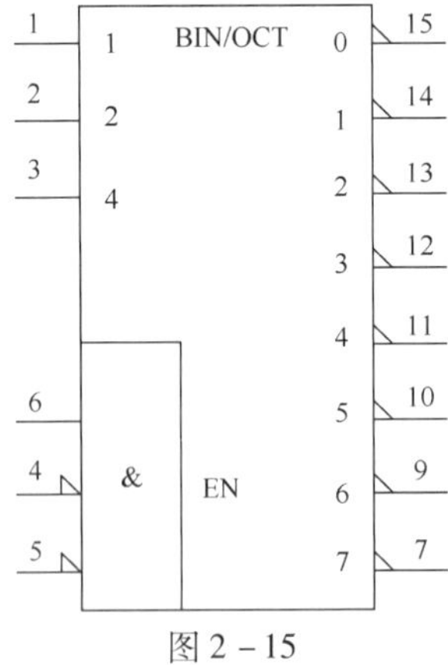

图 2－15

任务4　组装三地开关控制电路

一、填空题（将正确答案填在横线上）

1. 数据选择器能在一组信号（又称地址码）的控制下，从________路输入信号中选择其中________路信号输出。

2. 数据选择器 74LS151 有________个信号输入端，________个互补输出端。

二、选择题（将正确答案的序号填在括号内）

1. 数据选择器 74LS150 有（　　）个地址码。

A. 1　　B. 2

C. 3　　D. 4

2. 若 74LS151 的输出信号 $Y = D_1$，则地址码应为（　　）。

A. 000　　B. 001

C. 010　　D. 011

3. 若 74LS151 的输出信号 $Y = D_3$，则地址码应为（　　）。

A. 000　　B. 001

C. 010　　D. 011

三、判断题（正确的打√，错误的打×）

1. 数据选择器 74LS151 处于选择状态时，其使能端应为高电平。（　　）

2. 74LS153 是双四选一数据选择器。（　　）

四、简答题

1. 数据选择器的使能端起什么作用?

2. 数据选择器的地址码起什么作用?

3. 设八选一数据选择器的信号输入端分别是 D_7、D_5、D_2、D_1，依次写出对应的地址码。

五、设计题

1. 在图 2-16 中用数据选择器 74LS151 实现逻辑函数 $Y(A, B, C) = \sum m(0, 1, 3, 6)$。

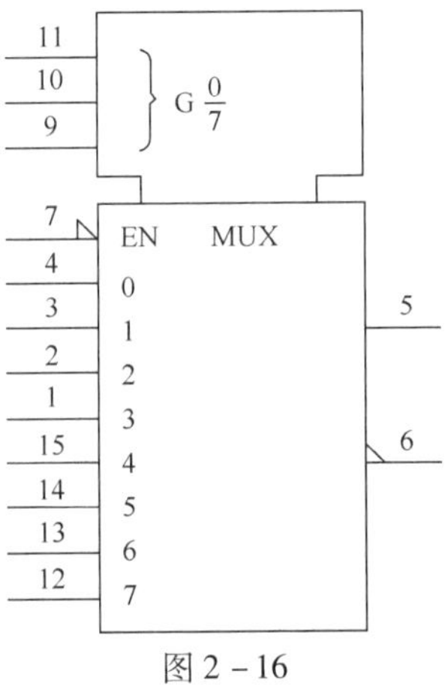

图 2-16

2. 在图 2-17 中用数据选择器 74LS151 设计一个奇偶判别电路，输入为 3 位二进制代码 X(A, B, C)，要求 X 为偶数（0 属于偶数）时输出 Y 为 1，否则 Y 为 0。

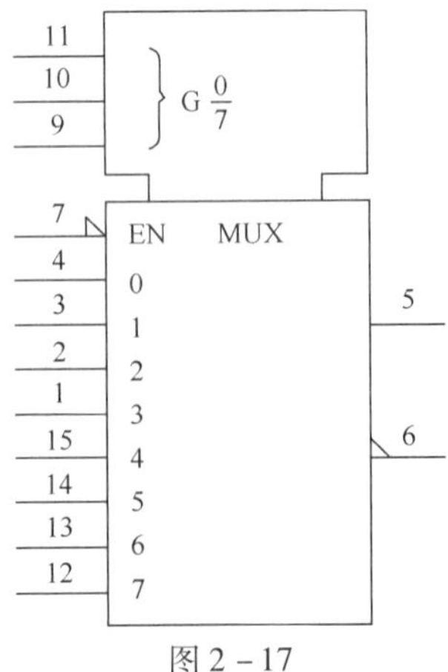

图 2-17

3. 在图 2－18 中用数据选择器 74LS151 设计一个码检测电路，输入为 4 位二进制数 A、B、C、D，当输入为 8421BCD 码时输出 Y 为 1，否则 Y 为 0。

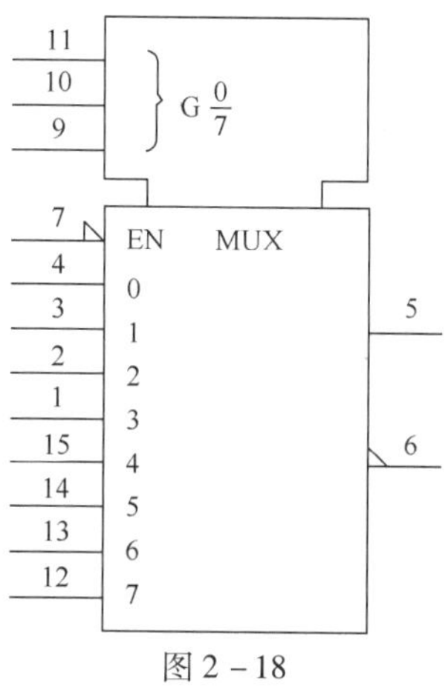

图 2－18

4. 在图 2－19 中用八选一数据选择器 74LS151 设计一个 3 人多数有效的表决逻辑电路。

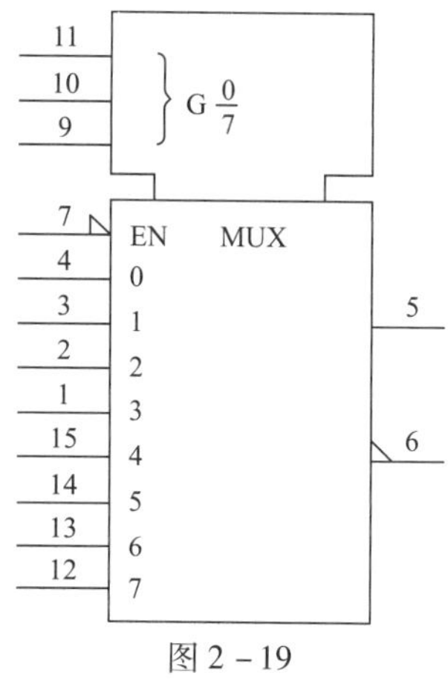

图 2－19

任务 5　组装 BCD 码转余 3 码电路

一、填空题（将正确答案填在横线上）

1. 两个 1 位二进制数相加称为________，其具有______个输入端，______个输出端。

2. 带进位的加法运算称为__________，其具有______个输入端，______个输出端。

二、判断题（正确的打√，错误的打×）

1. 两个 1 位二进制数相加不必考虑来自低位的进位。（　）
2. 多位二进制数相加必须考虑来自相邻低位的进位。（　）
3. 加法器 74LS283 内部包含四个全加器。（　）
4. 74LS283 是十进制加法器。（　）
5. CMOS4008 是 8 位二进制加法器。（　）
6. 两片 74LS283 可以实现 8 位二进制加法运算。（　）

三、计算题

图 2－20 所示为加法器 74LS283 的逻辑符号图，在其管脚上标出输入/输出端的文字符号，并对表 2－8 给出的数据进行计算。

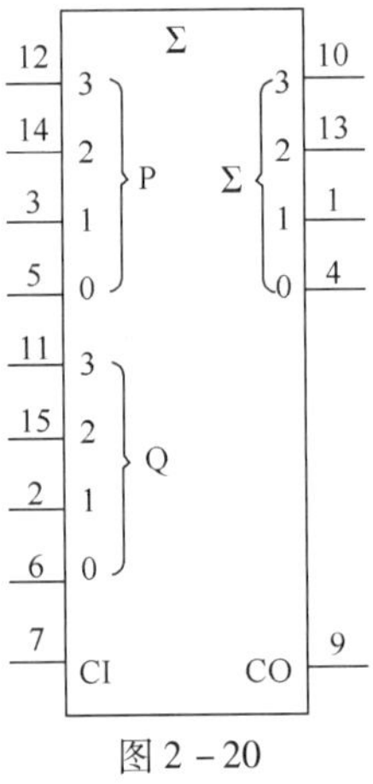

图 2－20

表 2－8

加数 A	1101	1011	0001	1010	0001	1100
加数 B	1010	0110	0010	1011	0110	0111
低位进位 CI_0	1	0	1	1	0	1
和 S						
高位进位 CO_4						

任务6　组装工件规格识别电路

一、填空题（将比较结果用 =、 >、 <填在横线处）

0100 ________ 0001　　1001 ________ 1001　　1100 ________ 1101

0111 ________ 0110　　1000 ________ 1001　　1011 ________ 1111

二、选择题（将正确答案的序号填在括号内）

1. 数值比较器 74LS85 作为单级使用时，级联输入端“a < b，a = b，a > b”应以(　　)数据形式连接。

A. 010　　B. 001

C. 100　　D. 111

2. 应用数值比较器 74LS85 对 A(1001)、B(1100) 两数进行比较，则比较结果在输出端“A < B，A = B，A > B”以（　　）数据形式呈现。

A. 001　　B. 010

C. 100　　D. 111

3. 应用数值比较器 74LS85 对 A(1000)、B(0001) 两数进行比较，则比较结果在输出端“A < B，A = B，A > B”以（　　）数据形式呈现。

A. 001　　B. 010

C. 100　　D. 111

4. 应用数值比较器 74LS85 对 A(1001)、B(1001) 两数进行比较，则比较结果在输出端“A < B，A = B，A > B”以（　　）数据形式呈现。

A. 001　　B. 010

C. 100　　D. 111

5. 关于数值比较器 74LS85，下列说法正确的是（　　）。

A. 只能比较 4 位二进制数　　B. 可以级联使用

C. 只能比较 1 位二进制数　　D. 只能比较 2 位二进制数

6. 两个多位二进制数进行比较，应先从（　　）位开始比较。

A. 最高　　B. 最低

C. 次高　　D. 次低

三、判断题（正确的打√，错误的打 ×）

1. 比较器是对两个二进制数中 1 的数量多少进行比较。（　　）
2. 比较器是对两个二进制数的数值大小进行比较。（　　）
3. 比较器有“相等”“大于”和“小于”三个输出端。（　　）

4. 比较器有“相等”“大于”和“小于”三个级联输入端。（　　）

四、设计题

在图 2－21 中用比较器 74LS85 设计一个码检测电路，输入为 4 位二进制数 A、B、C、D，当输入为 8421BCD 码时输出 Y 为 1，否则 Y 为 0。

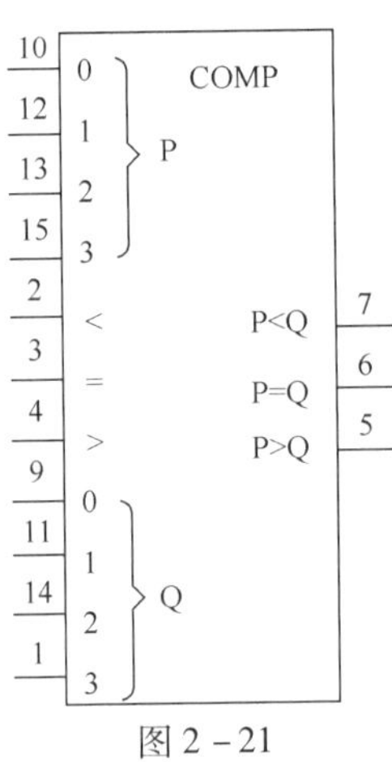

图 2－21

综合练习二

一、选择题（将正确答案的序号填在括号内）

1. 若编码器中有 50 个编码对象，则要求输出二进制代码位数为（　　）位。

A. 5　　B. 6

C. 10　　D. 50

2. 一个十六选一的数据选择器，其地址码有（　　）个。

A. 1　　B. 2

C. 4　　D. 16

3. 一个八选一的数据选择器，其数据输入端有（　　）个。

A. 1　　B. 3

C. 4　　D. 8

4. 74LS283 是（　　）进制加法器。

A. 二　　B. 八

C. 十　　D. 十六

二、简答题

1. 编码器的功能是什么？

2. 译码器的功能是什么？

3. 数据选择器的功能是什么？

4. 加法器的功能是什么？

5. 数值比较器的功能是什么？

三、分析题

1. 逻辑电路如图 2－22 所示，试分析其逻辑功能。

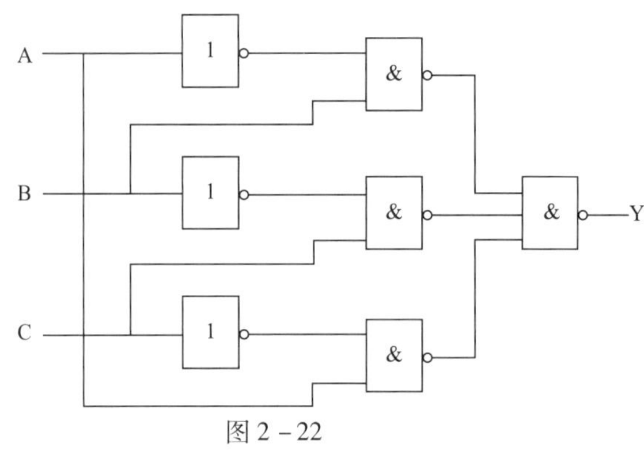

图 2－22

2. 逻辑电路如图 2－23 所示，写出其最简与或逻辑函数式。

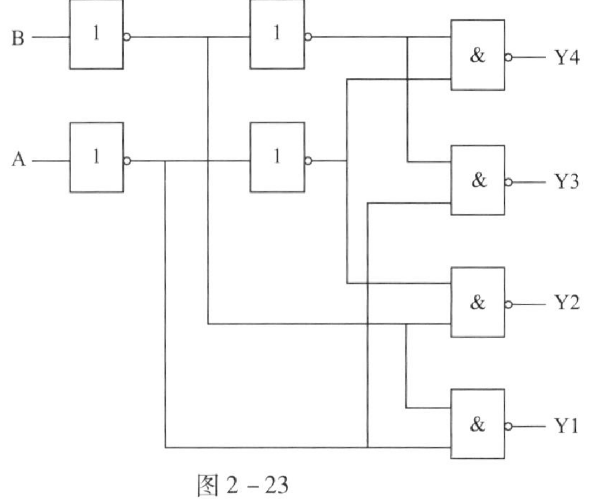

图 2－23

3. 图 2－24 所示为密码控制逻辑电路。当钥匙插入时，开关 S 接通，如果密码正确，开锁信号为 1，锁打开；否则，报警信号为 1。试分析密码 ABCD 是多少。

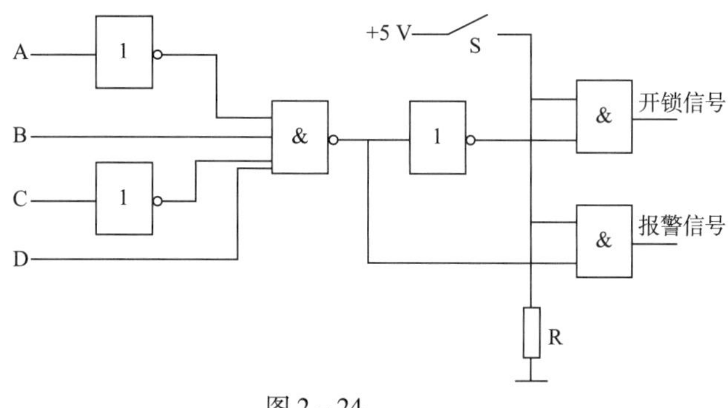

图 2－24

4. 试分析图 2－25 所示电路，分别写出 M＝1 和 M＝0 时输出逻辑函数的表达式。

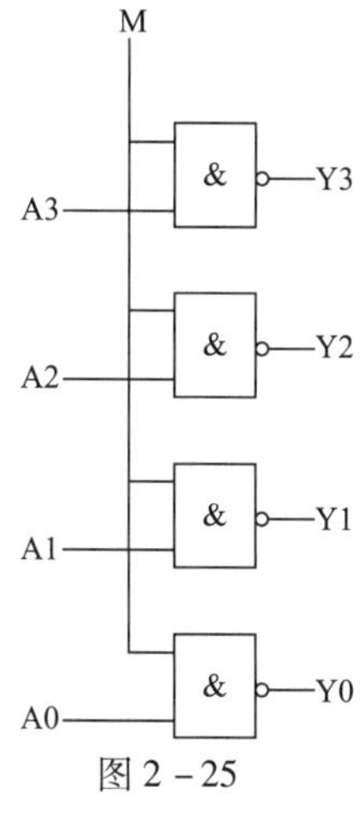

图 2－25

5. 试分析图 2－26 所示电路，分别写出 M＝1 和 M＝0 时输出逻辑函数的表达式。

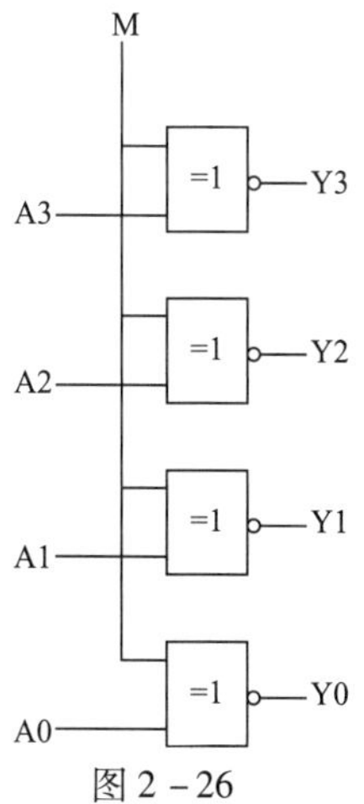

图 2－26

四、设计题

1. 用与非门设计一个 3 变量的多数表决器逻辑电路（提示：可使用两片 74LS00）。

2. 在图 2－27 中用两片译码器 74LS138 设计一个数值判别电路，输入为 4 位二进制代码 X(0～15)，要求 $4 < X < 10$ 时输出 Y 为 1，否则 Y 为 0。

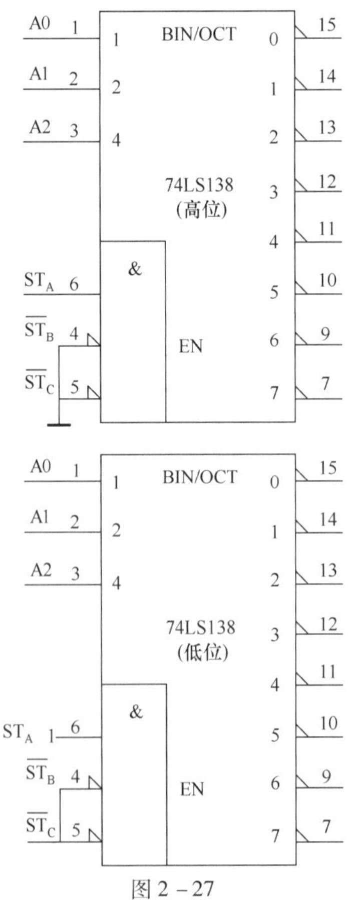

图 2－27

3. 在图 2－28 中用数据选择器 74LS151 设计一个码检测电路，要求输入为 5421BCD 码（如 A、B、C、D）时输出 Y 为 1，否则 Y 为 0。

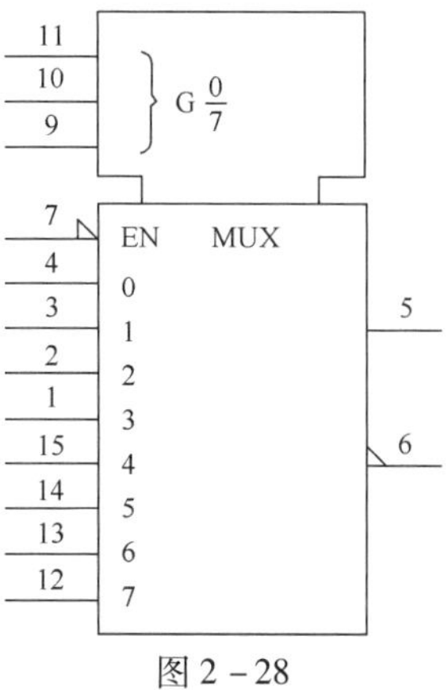

图 2－28

4. 在图 2－29 中用两片数据选择器 74LS151 接成一个十六选一数据选择电路。

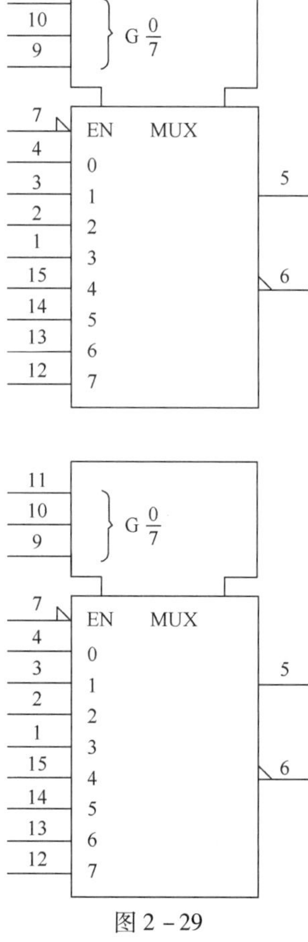

图 2－29

5. 在图 2－30 中用比较器 74LS85 设计一个数值（0～7）判别电路，当输入数值 $X<4$ 时，Y_1灯亮；$X=4$ 时，Y_2灯亮；$X>4$ 时，Y_3灯亮。

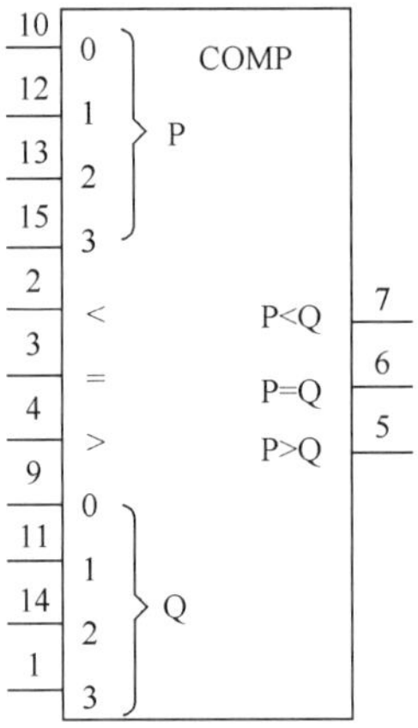

图 2－30

6. 已知 $A(A_7\sim A_0)$、$B(B_7\sim B_0)$ 均为 8 位二进制数，在图 2－31 中用两片加法器 74LS283 设计一个求 A＋B 的电路。

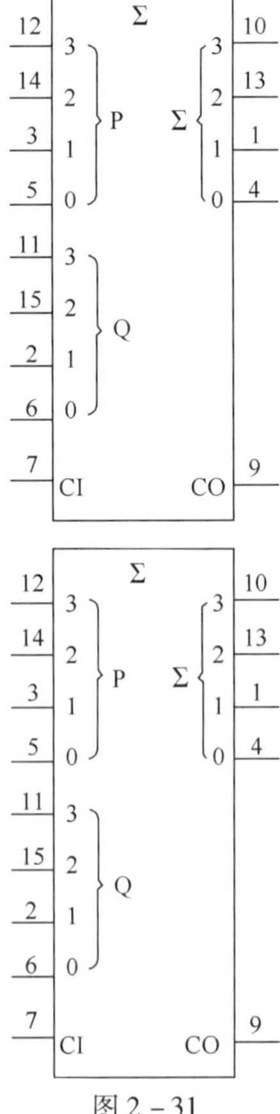

图 2－31

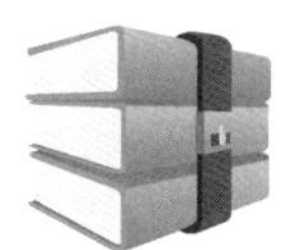

课题三　触发器的应用

任务1　应用 RS 触发器制作手动脉冲信号发生器

一、填空题（将正确答案填在横线上）

1. 触发器是一种具有________功能的电路。

2. 基本 RS 触发器是由两个________门交叉耦合连接而成。

3. 在电路中将输出信号引入输入端称为________。

4. 触发器的逻辑功能可采用______表、______方程、______图、________图来描述。

5. 触发器按照逻辑功能可分为______触发器、______触发器、______触发器、______触发器和______触发器。

6. 触发器是构成时序逻辑电路的记忆单元，它有两个基本性质，一是有________个稳定的状态；二是在外部信号的作用下，其状态可以________。

7. 构成基本 RS 触发器的门电路的输出端接至另一个门电路的________端。

8. 通常把 $Q=1$ 称为触发器的________态，把 $Q=0$ 称为触发器的________态。

9. 一个基本 RS 触发器在正常工作时，它的约束条件是 $\overline{R}+\overline{S}=1$，则它不允许输入 $\overline{S}=$ ________且 $\overline{R}=$ ________的信号。

二、选择题（将正确答案的序号填在括号内）

1. 基本 RS 触发器有（　　）个能自行保持稳定的状态。

A. 0　　B. 1

C. 2　　D. 3

2. 一个触发器可以保存（　　）位二进制信息。

A. 0　　B. 1

C. 2　　D. 3

3. 通常把（　　）称为触发器的“0”状态。

A. $Q=1$ 和 $\overline{Q}=0$　　B. $Q=0$ 和 $\overline{Q}=1$

C. $\overline{Q}=0$　　D. $\overline{Q}=1$

4. 由与非门构成的基本 RS 触发器不允许输入的变量组合$\overline{R}\ \overline{S}$为（　　）。

A. 00　　B. 01

C. 10　　D. 11

5. 集成 RS 触发器 CD4043 不允许输入的变量组合 RS 为（　　）。

A. 00　　B. 01

C. 10　　D. 11

三、判断题（正确的打√，错误的打×）

1. 在外部信号的作用下，可以改变触发器的现有状态。（　　）
2. 正常情况下，触发器两个输出端的状态总是互非的。（　　）
3. 集成 RS 触发器 CD4043 是 3 态输出，受使能端 EN 控制。（　　）
4. 触发器的约束条件 RS = 0 表示输入不允许出现 R = S = 1。（　　）
5. 触发器的约束条件$\overline{R}+\overline{S}=1$表示输入不允许出现$\overline{R}=\overline{S}=0$。（　　）
6. 触发器只可以保持 1 状态，不能保持 0 状态。（　　）
7. 无反馈电路也能构成触发器。（　　）
8. 特性方程和状态转换图都可以描述触发器的逻辑功能。（　　）

四、绘图题

1. 画出由两个与非门构成的 RS 触发器电路图（见图 3－1）和逻辑符号，并写出逻辑功能真值表（见表 3－1）。

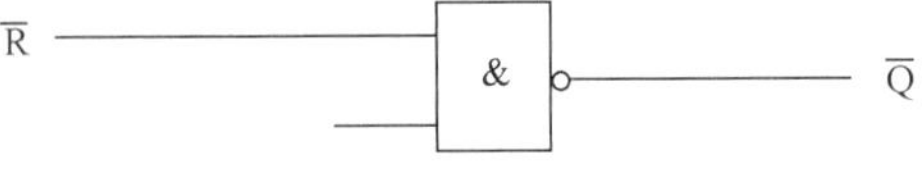

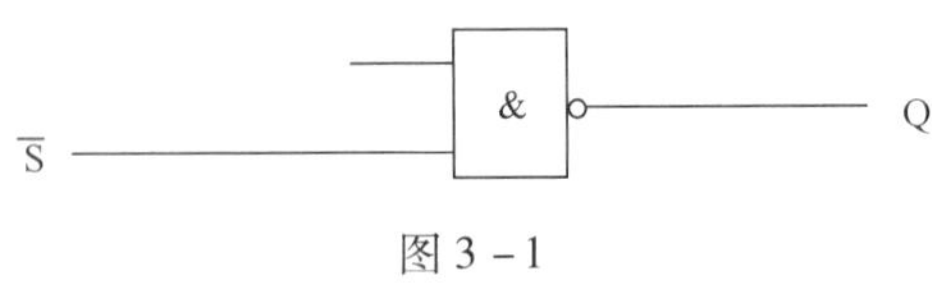

图 3－1

表 3－1

$\overline{R}$	$\overline{S}$	Q^{n+1}	功能
0	0		
0	1		
1	0		
1	1		

2. 基本 RS 触发器的输入端波形如图 3－2 所示，试绘出 Q 端的输出波形（设初始状态为1）。

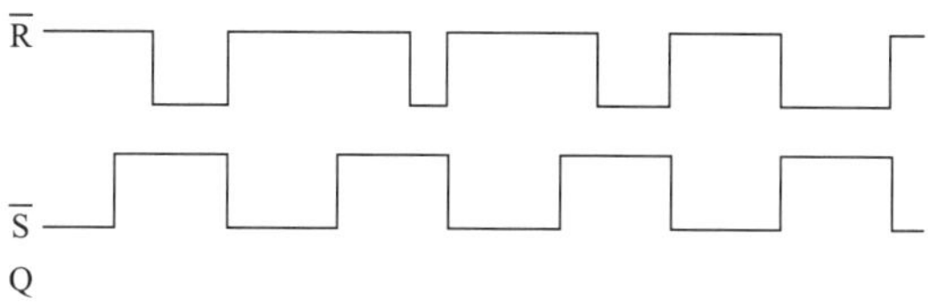

图 3－2

3. 基本 RS 触发器 R 和 S 端的输入波形如图 3－3 所示，试绘出 Q 端的输出波形（输入信号低电平有效，设初始状态为0）。

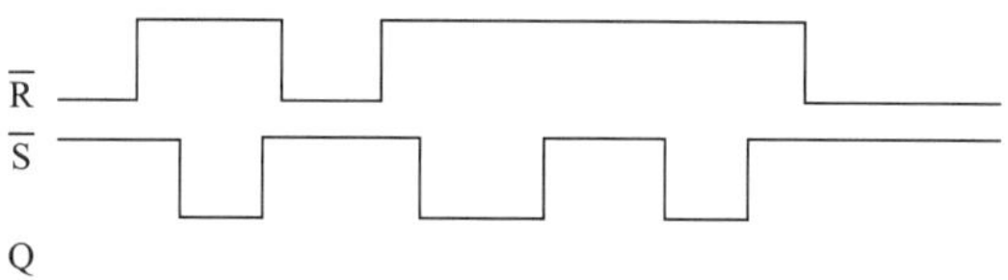

图 3－3

4. 基本 RS 触发器 R 和 S 端的输入波形如图 3－4 所示，试绘出 Q 端的输出波形（输入信号高电平有效，设初始状态为0）。

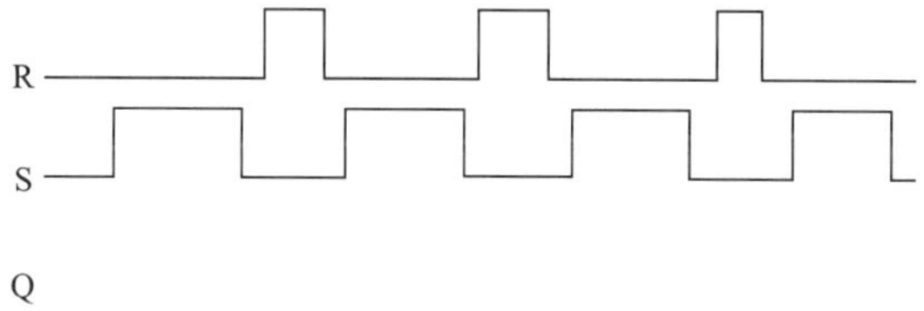

图 3－4

五、分析题

图 3－5 所示为手动脉冲信号发生器电路图，试分析以下几种情况下手动脉冲信号发生器的输出状态。

1. S1、S2 均断开，输出状态为________________。
2. 仅有 S1 闭合，输出状态为________________。
3. 仅有 S2 闭合，输出状态为________________。
4. S1、S2 均闭合，输出状态为________________。

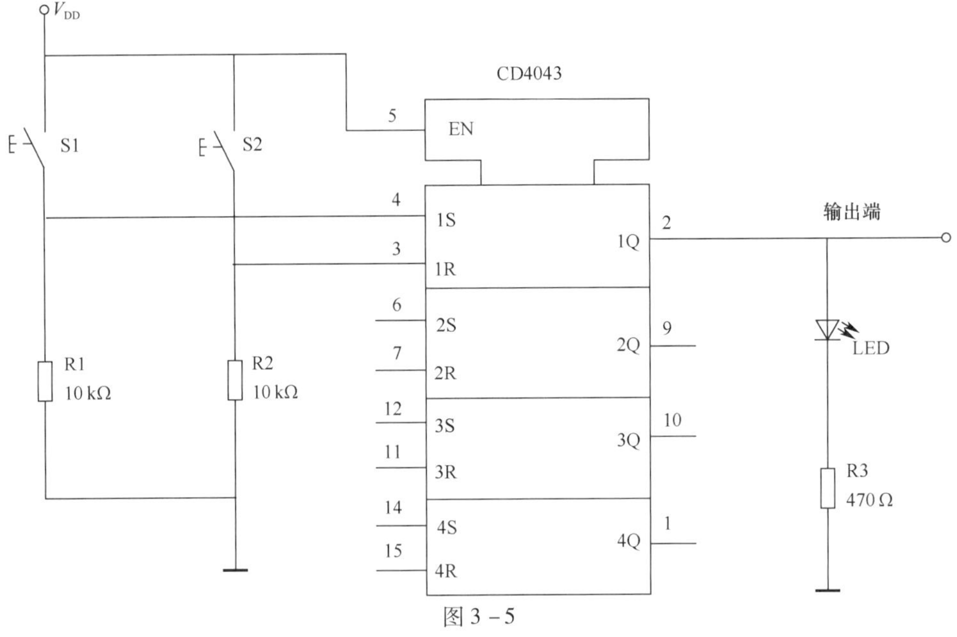

图 3－5

任务 2　测试 JK 触发器

一、填空题（将正确答案填在横线上）

1. JK 触发器具有________、________、________、________逻辑功能。

2. 边沿型触发器的输出状态只在时钟脉冲 CP 的________或________瞬时才可以翻转。

3. 通常要求触发器的状态在一个 CP 脉冲期间至多翻转一次，即不允许________现象出现。

4. 触发器的四种触发方式为____________触发、____________触发、________触发、________触发。

二、选择题（将正确答案的序号填在括号内）

1. 欲使 JK 触发器按 $Q^{n+1}=0$ 工作，可使 JK 触发器的输入端（　　）。

A. JK＝00　　　　B. JK＝01

C. JK = 10　　　　　　　　　　D. JK = 11

2. 欲使 JK 触发器按 $Q^{n+1}=1$ 工作，可使 JK 触发器的输入端（　　）。

A. JK = 00　　　　　　　　　　B. JK = 01

C. JK = 10　　　　　　　　　　D. JK = 11

3. 欲使 JK 触发器按 $Q^{n+1}=Q^n$ 工作，可使 JK 触发器的输入端（　　）。

A. JK = 00　　　　　　　　　　B. JK = 01

C. JK = 10　　　　　　　　　　D. JK = 11

4. 欲使 JK 触发器按 $Q^{n+1}=\overline{Q^n}$ 工作，可使 JK 触发器的输入端（　　）。

A. JK = 00　　　　　　　　　　B. JK = 01

C. JK = 10　　　　　　　　　　D. JK = 11

三、判断题（正确的打√，错误的打×）

1. 和 RS 触发器类同，JK 触发器也有输出不定状态。（　　）

2. 集成 JK 触发器 74LS112 只在 CP 脉冲上升沿时刻触发。（　　）

3. 边沿型触发器的直接复位端和直接置位端不受 CP 脉冲信号的控制。（　　）

四、绘图题

1. 在 CP 脉冲下降沿有效的 JK 触发器输入端加上如图 3－6 所示的波形，试绘出 Q 端的输出波形（设触发器初始状态为 0）。

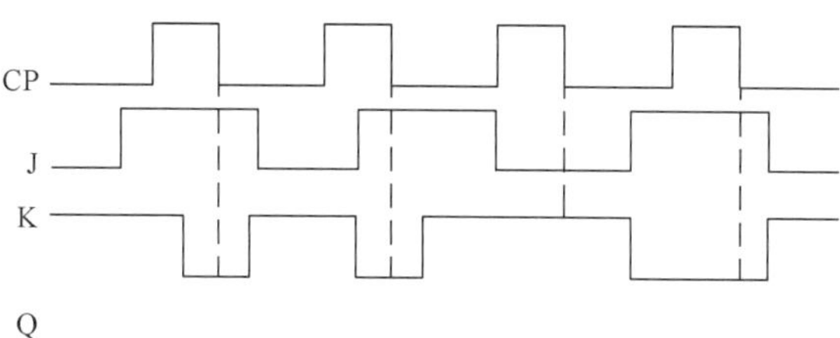

图 3－6

2. 在 CP 脉冲下降沿有效的 JK 触发器输入端加上如图 3－7 所示的波形，试绘出 Q 端的输出波形（设触发器初始状态为 0）。

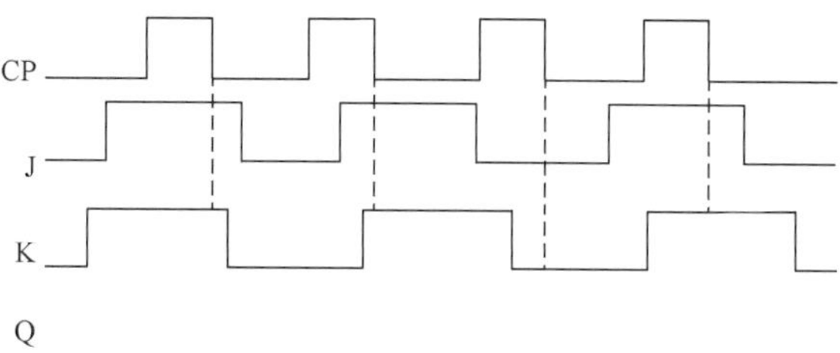

图 3－7

任务3　应用D触发器组装4人抢答器

一、判断题（正确的打√，错误的打×）

1. D触发器的特性方程 $Q^{n+1}=D$，与 Q^n 无关，所以它没有记忆功能。　　（　　）
2. 当CP脉冲信号有效时，D触发器的输出状态等于输入状态。　　（　　）
3. 当CP脉冲信号无效时，D触发器的输出状态保持不变。　　（　　）
4. 集成4D触发器74LS175具有公共CP端和公共异步复位端。　　（　　）
5. 维持阻塞D触发器的输出状态只与时钟脉冲上升沿到来时输入信号D的状态有关。　　（　　）
6. 边沿式D触发器是一种多稳态电路。　　（　　）

二、绘图题

1. 集成D触发器74LS175输入端波形如图3－8所示，试绘出输出端Q的波形（设初始状态为0）。

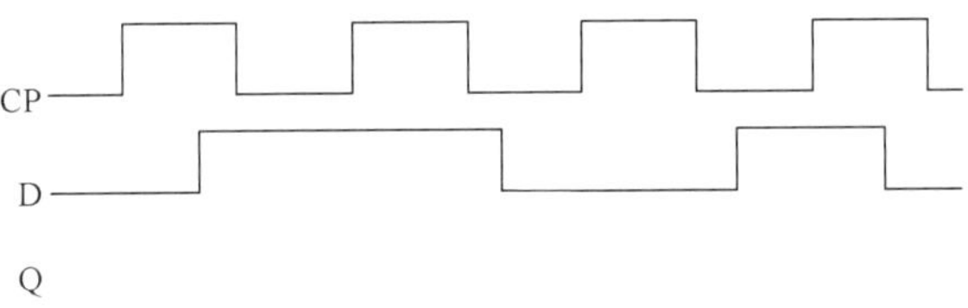

图3－8

2. 集成D触发器74LS175输入端波形如图3－9所示，试绘出输出端Q的波形（设初始状态为0）。

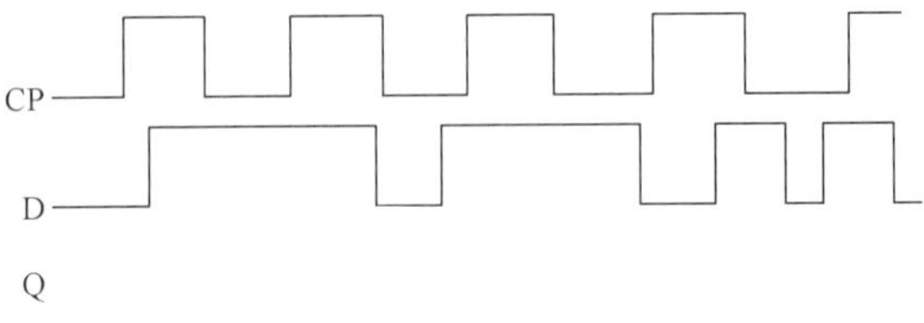

图3－9

三、分析题

图3－10所示为4人抢答器电路图，试分析主持人按下复位按钮和4号选手抢先按下按钮后电路的工作原理。

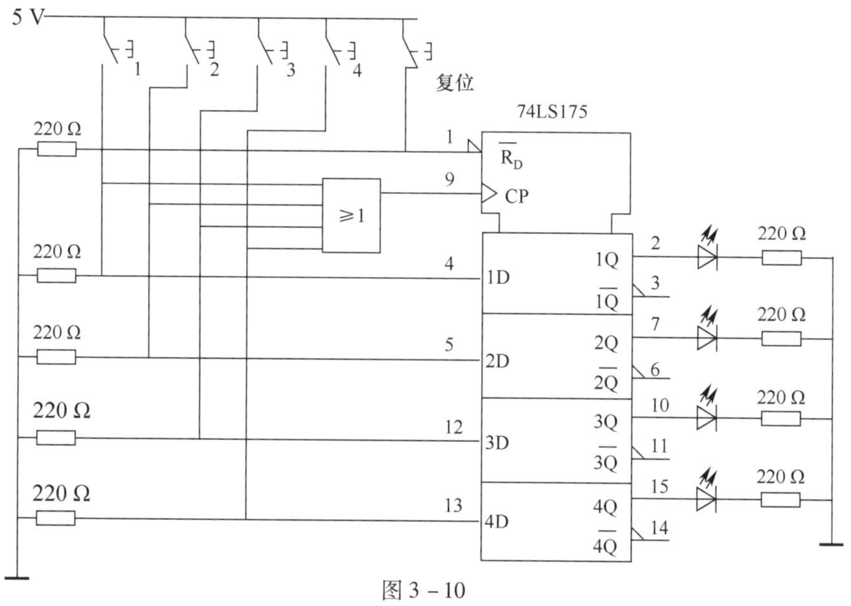

图 3－10

1. 主持人按下复位按钮。

2. 4 号选手抢先按下按钮。

任务 4　触发器功能转换

一、填空题（将正确答案填在横线上）

1. 把一种触发器转换为另一种逻辑功能的触发器，称为触发器____________。

2. 触发器转换的方法是利用触发器________________求转换逻辑关系，建立转换电路。

3. 在数字集成电路产品中，只有________触发器、________触发器和________触发器，而无________触发器和________触发器，但后两种触发器可由前述的触发器转换得到。

4. 将 JK 触发器的两个输入端________、________连接在一起就构成了 T 触发器，T 触发器的逻辑功能是________和________。

5. 让______触发器的输入恒为 1 时就构成了 T′触发器，T′触发器仅具有______功能。

6. 将 JK 触发器转换为 RS 触发器时，J 对应于________端，K 对应于________端。

二、选择题（将正确答案的序号填在括号内）

1. 触发器由门电路构成，但它不同于门电路，主要特点是具有（　　）功能。

A. 翻转　　B. 保持

C. 记忆　　D. 置位、复位

2. 具有置 1、置 0、保持和翻转功能的触发器是（　　）。

A. JK 触发器　　B. T 触发器

C. D 触发器　　D. T′触发器

3. 仅具有翻转功能的触发器是（　　）。

A. JK 触发器　　B. T 触发器

C. D 触发器　　D. T′触发器

三、绘图题

已知时钟脉冲 CP 或输入信号 A 的波形，试分别绘出图 3－11 至图 3－14 中各触发器输出端 Q 的波形（设初始状态为 0）。

1.

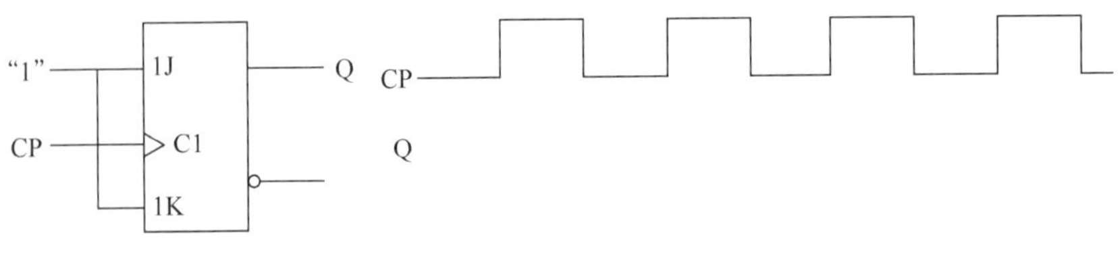

图 3－11

2.

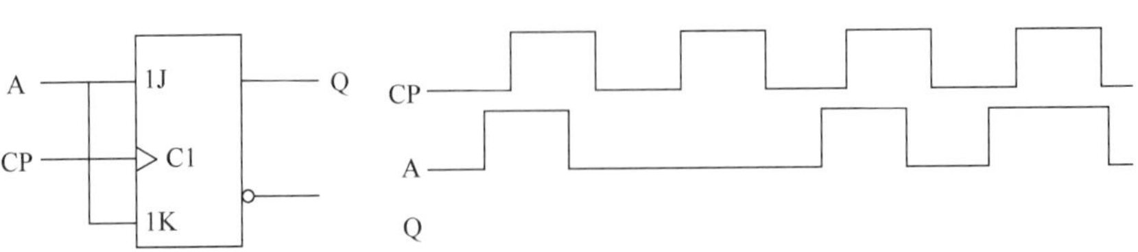

图 3－12

3.

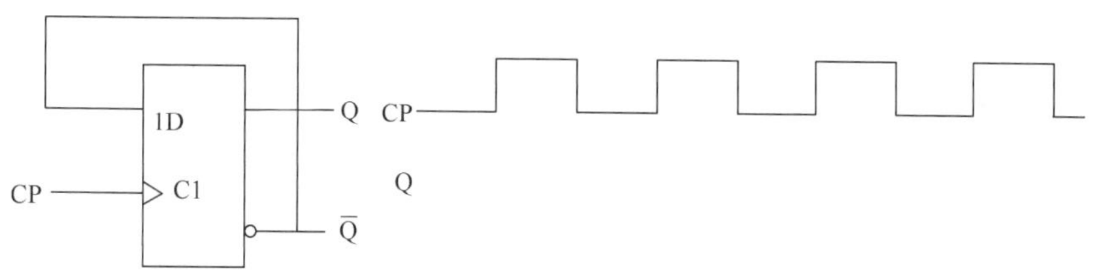

图 3－13

4.

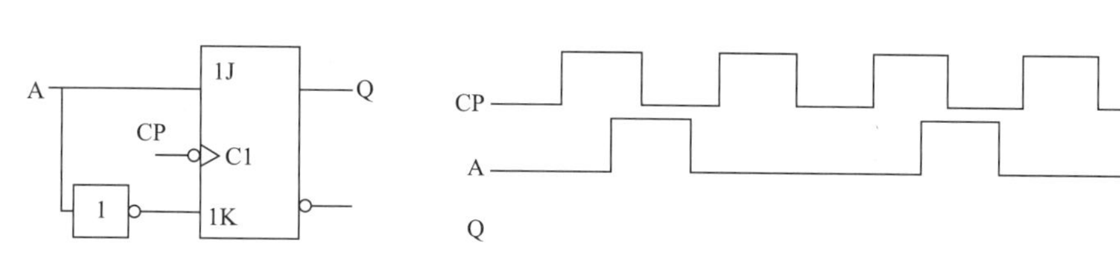

图 3－14

综合练习三

一、填空题（将正确答案填在横线上）

1. RS 触发器的特性方程是____________________。

2. JK 触发器的特性方程是____________________。

3. D 触发器的特性方程是____________________。

4. T 触发器的特性方程是____________________。

5. T′触发器的特性方程是____________________。

6. D 触发器的功能是在无 CP 脉冲时________；在有 CP 脉冲时______________。

7. JK 触发器的功能是 JK＝00 时________；JK＝01 时________；JK＝10 时________；JK＝11 时________。

8. T 触发器的功能是________和________。

9. T′触发器的功能是每来一个 CP 脉冲，输出状态________一次。

10. 触发器逻辑符号中 CP 端有小圆圈表示________沿触发，无小圆圈表示________沿触发。

11. JK 触发器与 RS 触发器的显著区别是无________状态。

12. 时钟脉冲周期 CP 可分为________电平、________电平、________沿和________沿四个部分。

13. 在集成触发器中，复位端$\overline{R}_D$有效时为________状态，置位端$\overline{S}_D$有效时为________状态；$\overline{R}_D$和$\overline{S}_D$不能同时有效，正常工作时$\overline{R}_D$和$\overline{S}_D$应接________电平。

二、选择题（将正确答案的序号填在括号内）

1. 为避免“空翻”现象，应采用（　　）方式的触发器。

   A. 主从触发

   B. 直接电平触发

   C. 脉冲电平触发

2. 为防止“空翻”，应采用（　　）结构的触发器。

   A. TTL

   B. MOS

   C. 主从或维持阻塞

3. 下列选项中不属于触发器特点的是（　　）。

   A. 有两个稳定状态

   B. 可以由一种状态转换到另一种状态

   C. 具有记忆功能

   D. 有不定输出状态

三、判断题（正确的打√，错误的打 ×）

1. 同步 RS 触发器具有“空翻”现象。（　　）

2. 在稳定状态下触发器的两个输出端必须是互非关系。（　　）

3. 边沿触发器只在 CP 脉冲边沿时触发，其他期间不会影响触发器的输出状态。（　　）

*四、设计题

试用两个或非门设计一个基本 RS 触发器，画出电路图和逻辑符号，列出功能真值表（见表 3－2），写出特性方程和约束条件。

表 3－2

R	S	Q^n	Q^{n+1}
0	0	0	
0	0	1	
0	1	0	

* 标“＊”题目为选做题目。

续表

R	S	Q^n	Q^{n+1}
0	1	1	
1	0	0	
1	0	1	
1	1	0	
1	1	1	

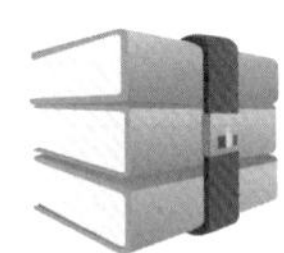

课题四　组装与测试时序逻辑电路

任务1　分析和测试给定的时序逻辑电路

一、填空题（将正确答案填在横线上）

1. 时序逻辑电路通常由________电路和________电路两部分组成。

2. 时序逻辑电路的输出信号不仅取决于当时的________信号，还与电路________逻辑状态有关。

3. 构成时序逻辑电路的基本部件包括________器、________器、________器和____________器等。

4. 时序逻辑电路按触发方式可以分为________时序电路和________时序电路。

5. 通常用____________、____________、____________来描述时序逻辑电路的状态转换过程。

6. 确定时序电路在________信号和____________信号共同作用下输出状态的变化规律，称为时序逻辑电路的分析。

7. 通常将一次循环所包含的状态总数称为时序逻辑电路的________。

8. 某时序逻辑电路的模为8，该电路至少由________个触发器构成。

9. 在状态转换图中，每个圆圈表示电路的一个__________，圆圈内的数字是这个状态的__________，图中的箭头表示状态转换的__________，箭头旁边的数字表示现态下的__________。

10. 构造一个模6计数器，电路需要________个状态，最少要用________个触发器，它有________个无效状态。

二、选择题（将正确答案的序号填在括号内）

1. 同步时序电路和异步时序电路比较，其差异在于后者（　　）。

A. 没有触发器　　B. 没有统一的时钟脉冲控制

C. 没有稳定状态　　D. 输出只与内部状态有关

2. 时序逻辑电路中一定含有（　　）。

A. 触发器　　B. 组合逻辑电路

C. 移位寄存器　　D. 译码器

3. 下列电路不属于时序逻辑电路的是（　　）。

A. 数码寄存器　　B. 编码器

C. 触发器　　D. 可逆计数器

4. 下列逻辑电路不具有记忆功能的是（　　）。

A. 译码器　　B. RS 触发器

C. 寄存器　　D. 计数器

5. 下列关于时序逻辑电路的描述，正确的是（　　）。

A. 电路任一时刻的输出只与当时的输入信号有关

B. 电路任一时刻的输出只与电路原来的状态有关

C. 电路任一时刻的输出与输入信号和电路原来的状态均有关

D. 电路任一时刻的输出与输入信号和电路原来的状态均无关

三、判断题（正确的打√，错误的打 ×）

1. 组合逻辑电路不包含记忆功能器件。（　　）
2. 时序逻辑电路不包含记忆功能器件。（　　）
3. 同步时序逻辑电路各触发器具有统一的时钟脉冲信号。（　　）
4. 异步时序逻辑电路的工作速度高于同步时序逻辑电路。（　　）
5. 两个 JK 触发器的 J、K 端均悬空，相当于接高电平。（　　）

四、简答题

1. 简述时序逻辑电路的分析步骤。

2. 什么状态下加法计数器产生进位信号？什么状态下减法计数器产生借位信号？

五、分析题

图 4－1 所示为三个 JK 触发器构成的时序逻辑电路，设初始状态为 $Q_2Q_1Q_0=000$，$J=K=1$。

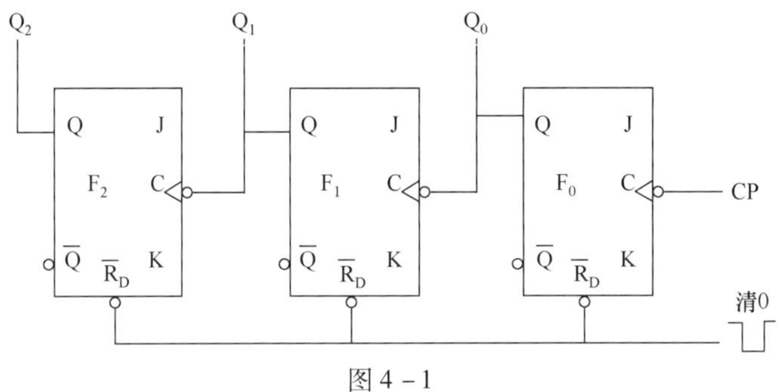

图 4－1

1. 写出电路方程。

2. 填写电路状态转换表（见表 4－1）。

表 4－1

CP	Q_2^n	Q_1^n	Q_0^n	Q_2^{n+1}	Q_1^{n+1}	Q_0^{n+1}
1↓	0	0	0			
2↓						
3↓						
4↓						
5↓						
6↓						
7↓						
8↓						

3. 画出状态转换图。

4. 确定电路的逻辑功能。

图 4－1 所示电路是一个________步________位模________、________进制________法计数器。

任务2 组装与测试集成二进制加法计数器

一、填空题（将正确答案填在横线上）

1. 计数器按数字变化规律可分为________法计数器、________法计数器和__________计数器。

2. 计数器按进制可分为________进制计数器、________进制计数器和________进制计数器。

3. 计数器按触发方式可分为________计数器和________计数器。

4. 计数器按清零方式可分为________清零计数器和________清零计数器。

5. 计数器按置入数据的方式可分为________置入数据计数器和________置入数据计数器。

6. 74LS161 是________位________进制计数器，具有______步清零、______步置数、________保持和________计数功能。

7. 74LS163 与 74LS161 在逻辑功能上唯一不同的是____________。

8. 74LS161 预置数据输入端的逻辑代号是________________。

9. 74LS161 数据输出端的逻辑代号是________________。

二、选择题（将正确答案的序号填在括号内）

1. 74LS161、74LS163 的时钟脉冲信号是（　　）触发。

A. 低电平　　B. 高电平

C. 脉冲上升沿　　D. 脉冲下降沿

2. 74LS161、74LS163 的清零信号是（　　）有效。

A. 低电平　　B. 高电平

C. 脉冲上升沿　　D. 脉冲下降沿

3. 74LS161、74LS163 的有效置数信号是（　　）。

A. 低电平　　B. 高电平

C. 脉冲上升沿　　D. 脉冲下降沿

4. 74LS161、74LS163 的使能控制为（　　）时具有计数功能。

A. 低电平　　B. 高电平

C. 脉冲上升沿　　D. 脉冲下降沿

5. 74LS161、74LS163 的输出进位信号是（　　）。

A. 低电平　　B. 高电平

C. 脉冲上升沿　　D. 脉冲下降沿

6. 74LS161、74LS163 的模是（　　）。

A. 2　　B. 4

C. 8　　D. 16

7. 构成计数器的基本单位是（　　）。

A. 与非门　　B. 或非门

C. 触发器　　D. 放大器

8. 一个三位二进制计数器，设其初始状态为 000，经过四个脉冲以后，其状态是（　　）。

A. 010　　B. 100

C. 101　　D. 110

三、判断题（正确的打√，错误的打 ×）

1. 计数器对时钟脉冲信号进行计数。（　　）
2. 异步清零不受时钟脉冲信号控制。（　　）
3. 同步清零不受时钟脉冲信号控制。（　　）
4. 异步置入数据不受时钟脉冲信号控制。（　　）
5. 同步置入数据不受时钟脉冲信号控制。（　　）
6. 计数器的进位信号可用于多个计数器的级联。（　　）
7. 构成计数电路的器件必须有记忆能力。（　　）
8. 同步计数器的计数速度比异步计数器快。（　　）
9. 计数器的模是指构成计数器的触发器的个数。（　　）

四、简答题

1. 什么是异步清零？什么是同步清零？

2. 什么是异步置数？什么是同步置数？

3. 计数器的分频作用是什么？

五、绘图题

绘出 74LS161 的状态转换图。

任务 3　组装与测试集成二进制加/减可逆计数器

一、填空题（将正确答案填在横线上）

1. 74LS193 是________位________进制计数器，具有______步清零、______步置数、________保持、________法计数和________法计数功能。

2. 74LS193 有________个时钟脉冲输入端、________个进位输出端和________个借位输出端。

3. 74LS193 作加法计数器时，时钟脉冲信号接________端，________端接高电平。

4. 74LS193 作减法计数器时，时钟脉冲信号接________端，________端接高电平。

二、选择题（将正确答案的序号填在括号内）

1. 74LS193 时钟脉冲信号是（　　）触发。

   A. 低电平　　B. 高电平

   C. 脉冲上升沿　　D. 脉冲下降沿

2. 74LS193 清零信号是（　　）有效。

   A. 低电平　　B. 高电平

   C. 脉冲上升沿　　D. 脉冲下降沿

3. 74LS193 有效置数信号是（　　）。

   A. 低电平　　B. 高电平

   C. 脉冲上升沿　　D. 脉冲下降沿

4. 74LS193 输出进/借位信号是（　　）。

   A. 低电平　　B. 高电平

   C. 脉冲上升沿　　D. 脉冲下降沿

5. 74LS193 在计数时非使用的时钟脉冲输入端应接（　　）。

   A. 低电平　　B. 高电平

   C. 脉冲上升沿　　D. 脉冲下降沿

三、判断题（正确的打√，错误的打 ×）

1. 74LS193 是组合逻辑电路。（　　）
2. 74LS193 时钟信号是下降沿触发。（　　）

四、简答题

74LS193 与 74LS161 在逻辑功能、预置数据、时钟信号输入及进位信号等方面有什么区别?

五、绘图题

试分别绘出 74LS193 加计数和减计数时的状态转换图。

任务 4　组装与测试集成十进制加/减可逆计数器

一、填空题（将正确答案填在横线上）

1. 74LS192 是________位________进制可逆计数器，具有______步清零、______步置数、________保持和________计数逻辑功能。

2. 74LS192 有________个时钟脉冲输入端、________个进位输出端和________个借位输出端。

3. 74LS192 作加法计数器时，从________端输入时钟脉冲，________端接高电平。

4. 74LS192 作减法计数器时，从________端输入时钟脉冲，________端接高电平。

二、选择题（将正确答案的序号填在括号内）

1. 74LS192 时钟脉冲信号是（　　）触发。

A. 低电平　　B. 高电平

C. 脉冲上升沿　　D. 脉冲下降沿

2. 74LS192 清零信号是（　　）有效。

A. 低电平　　B. 高电平

C. 脉冲上升沿　　D. 脉冲下降沿

3. 74LS192 有效置数信号是（　　）。

A. 低电平　　B. 高电平

C. 脉冲上升沿　　D. 脉冲下降沿

4. 74LS192 输出的进/借位信号是（　　）。

A. 低电平　　B. 高电平

C. 脉冲上升沿　　D. 脉冲下降沿

5. 74LS192 在正常计数时非使用的时钟脉冲输入端应接（　　）。

A. 低电平　　B. 高电平

C. 脉冲上升沿　　D. 脉冲下降沿

6. 74LS192 输出信号为（　　）。

A. 二进制数码　　B. 十六进制数码

C. 8421BCD 码　　D. 5421BCD 码

三、判断题（正确的打√，错误的打 ×）

1. 用 8421BCD 码作为代码的十进制计数器，至少需要五个触发器。（　　）

2. 当十进制计数器计数至第十个时钟脉冲时，十进制计数器的输出要从“1010”跳变到“0000”，完成一次十进制计数循环。（　　）

四、绘图题

1. 试画出 74LS192 加法时序图和状态转换图。

2. 试画出 74LS192 减法时序图和状态转换图。

任务5　组装与测试寄存器

一、填空题（将正确答案填在横线上）

1. 寄存器是用来存放________、________及________的电路，通常由具有存储功能的多位____________构成。

2. 寄存器可分为________寄存器和________寄存器两大类。

3. 数据寄存器的四种基本功能是________数据、________数据、________数据、________数据。

4. 用多根数据线同时输入数据或输出数据的方式称为数据________输入或________输出方式。

5. 用一根数据线按位输入数据或输出数据的方式称为数据________输入或________输出方式。

6. “移位”是指每来一个____________信号，寄存器的数据便移动一位。

二、选择题（将正确答案的序号填在括号内）

1. 74LS174 时钟脉冲信号是（　　）触发。

   A. 低电平　　　　B. 高电平

   C. 脉冲上升沿　　D. 脉冲下降沿

2. 74LS174 清零信号是（　　）有效。

   A. 低电平　　　　B. 高电平

   C. 脉冲上升沿　　D. 脉冲下降沿

3. 74LS194 时钟脉冲信号是（　　）触发。

   A. 低电平　　　　B. 高电平

   C. 脉冲上升沿　　D. 脉冲下降沿

4. 74LS194 清零信号是（　　）有效。

   A. 低电平　　　　B. 高电平

   C. 脉冲上升沿　　D. 脉冲下降沿

5. 74LS194 工作方式控制端 $M_1M_0=00$ 为（　　）功能。

   A. 串行左移　　　B. 串行右移

   C. 数据保持　　　D. 并行输入/输出

6. 74LS194 工作方式控制端 $M_1M_0=01$ 为（　　）功能。

   A. 串行左移　　　B. 串行右移

   C. 数据保持　　　D. 并行输入/输出

7. 74LS194 工作方式控制端 $M_1M_0=10$ 为（　　）功能。

A. 串行左移　　　　B. 串行右移

C. 数据保持　　　　D. 并行输入/输出

8. 74LS194 工作方式控制端 $M_1M_0=11$ 为（　　）功能。

A. 串行左移　　　　B. 串行右移

C. 数据保持　　　　D. 并行输入/输出

三、判断题（正确的打√，错误的打×）

1. 移位寄存器不仅可以寄存代码，还可以实现数据的串－并行转换和处理。（　　）
2. 一个 4 位移位寄存器可以构成最长计数器的长度是 16 位。（　　）
3. 双向移位寄存器既可以将数码向左移，又可以将数码向右移。（　　）
4. 移位寄存器就是数据寄存器，它们没有区别。（　　）
5. 集成移位寄存器 74LS174 内包含六个 D 触发器。（　　）

四、设计题

1. 要求 74LS194 并行输入/输出数据 1010，试设计逻辑电路（见图 4－2）。

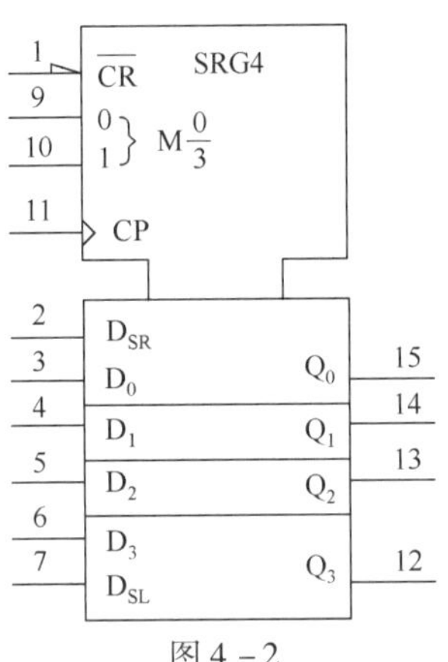

图 4－2

2. 要求 74LS194 为左移数据寄存器，试设计逻辑电路（见图 4－3）。

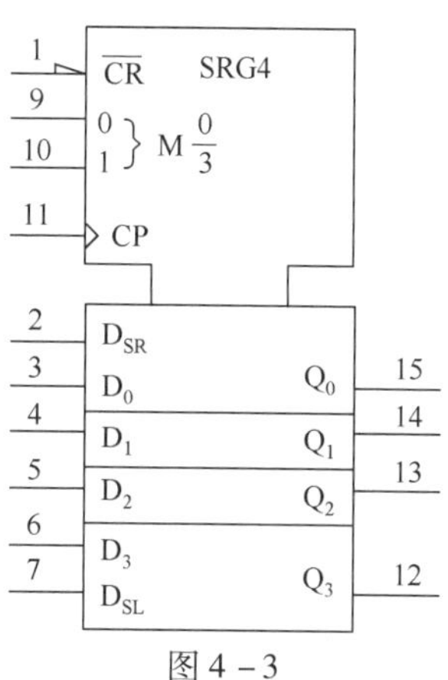

图 4－3

综合练习四

一、填空题（将正确答案填在横线上）

1. 计数器对__________信号进行计数。

2. 4 位二进制加法计数器的模为________，需要计数到________状态后，才能返回到 0000B 状态。

3. 十进制加法计数器的模为________，要求计数到________状态后，才能返回 0000B 状态。

4. 八进制计数器需要________个触发器，十进制计数器需要________个触发器。

5. 寄存器能存储数据是因为它采用了具有记忆功能的电路，即________。

6. 移位寄存器在控制信号的作用下数据可以并行________、并行________、串行________、串行________。

7. 一个 4 位移位寄存器输入 4 位串行数码，经过________个时钟脉冲后，4 位数码全部存入寄存器；再经过________个时钟脉冲后，串行输出 4 位数码。

二、判断题（正确的打√，错误的打×）

1. 计数器的模是指构成计数器的触发器的个数。（ ）

2. 模 N 计数器可用作 N 分频器。（ ）

3. 一个触发器可以储存 2 位二进制数据。 (　　)

三、绘图题

绘出 74LS161 的时序图（设计数器初始状态为零）。

四、分析题

74LS161 的进位信号$\overline{CO}$是上升沿有效还是下降沿有效？根据时序图分析进位信号的产生过程。

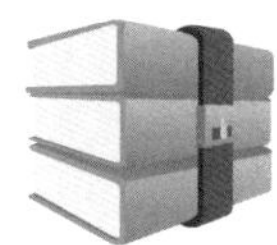

课题五　组装与测试555时基电路和石英晶体多谐振荡器电路

任务1　组装与测试555延时控制电路

一、填空题（将正确答案填在横线上）

1. 555集成电路是将________电路和________电路结合在一起的数模混合集成电路。

2. 555集成电路具有________控制、________整形和产生________信号的功能。

3. TTL类型555集成电路的电源电压范围为____________V，最大输出电流为________mA，可以直接驱动直流继电器。

4. 556集成电路内含________个功能独立的555电路。

5. 555集成电路的②脚是____________端，③脚是________端，④脚是__________端，⑤脚是____________端，⑥脚是______________端，⑦脚是________端。

6. 555集成电路由____________、____________、____________、______________和____________五部分组成。

7. 555集成电路按内部器件的不同，可分为________、________两种类型。

8. 555集成电路的②脚电平低于$\frac{1}{3}V_{CC}$时，③脚输出________电平。

9. 555集成电路的延时时间只与__________和______有关，与________无关。

二、选择题（将正确答案的序号填在括号内）

1. 555集成电路的⑤脚没有外接电压时，②脚的比较电压是（　　）。

A. V_{CC}　　B. $\frac{1}{3}V_{CC}$

C. $\frac{2}{3}V_{CC}$　　D. $\frac{1}{2}V_{CC}$

2. 555集成电路的⑤脚没有外接电压时，⑥脚的比较电压是（　　）。

A. V_{CC}　　B. $\frac{1}{3}V_{CC}$

C. $\frac{2}{3}V_{CC}$　　　　D. $\frac{1}{2}V_{CC}$

3. 当（　　）时，555 集成电路③脚输出高电平。

A. ⑥脚电平低于$\frac{1}{3}V_{CC}$　　　　B. ②脚电平低于$\frac{1}{3}V_{CC}$

C. ⑥脚电平高于$\frac{1}{3}V_{CC}$　　　　D. ②脚电平高于$\frac{1}{3}V_{CC}$

4. 当（　　）时，555 集成电路③脚输出低电平。

A. ②脚、⑥脚电平高于$\frac{2}{3}V_{CC}$　　　　B. ⑥脚电平高于$\frac{2}{3}V_{CC}$

C. ②脚、⑥脚电平等于$\frac{1}{2}V_{CC}$　　　　D. ②脚电平高于$\frac{2}{3}V_{CC}$

5. 555 单稳态定时器的延时时间 t_w 为（　　）。

A. RC　　　　B. 1.1RC

C. 1.2RC　　　　D. 1.3RC

三、判断题（正确的打√，错误的打×）

1. 负载既可以连接在555 集成电路的电源正极与输出端之间，也可以连接在电源负极与输出端之间。（　　）

2. 555 集成电路输出低电平时的电压值为0，输出高电平时的电压值约等于 V_{CC}。（　　）

3. 555 集成电路的延时时间只与电路的充、放电时间常数有关，与电源电压无关。（　　）

4. 555 集成电路的逻辑输出只能出现“0”或“1”。（　　）

四、简答题

1. 555 集成电路中555 的含义是什么?

2. 555 集成电路的②脚为什么称为低电平触发端? 555 集成电路的⑥脚为什么称为高电平触发端?

3. 555 集成电路的④脚和⑦脚分别起什么作用?

4. 通常 555 集成电路的高、低触发电平各是多少?

5. 为什么 555 集成电路的⑤脚要通过一个小电容器接地?

五、计算题

图 5－1 所示为由 555 定时器构成的延时控制电路，试计算下列各题。

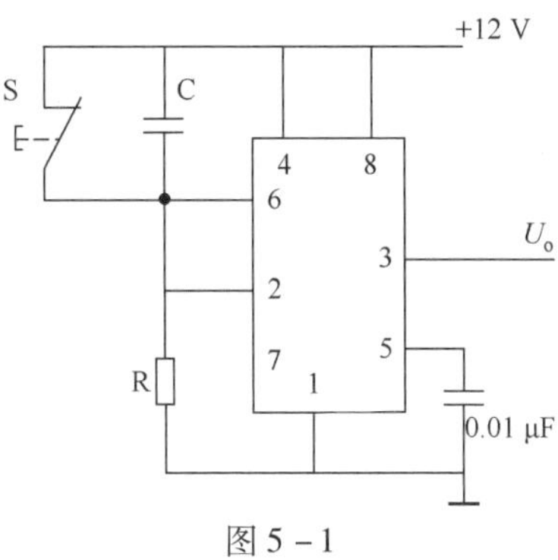

图 5－1

1. 已知 $C=33\ \mu F$，$R=47\ k\Omega$，则常闭按钮 S 按下后经过多长时间，输出电压 U_o才能跳变成高电平?

2. 如果电容 $C=47\ \mu F$，要求按下常闭按钮 S 5 s 后，输出电压 U_o跳变成高电平，则电阻 R 的值应为多少?

任务 2　组装与测试 555 施密特触发器

一、填空题（将正确答案填在横线上）

1. 在施密特触发器的电压转移特性中，存在________个不同的门限转换电压，其差值称为________电压。

2. 输出由高电压转换为低电压的临界输入电压称为________门槛电压。

3. 输出由低电压转换为高电压的临界输入电压称为________门槛电压。

4. 施密特触发器输入电压与输出电压之间的关系称为____________。

5. 用 555 集成电路构成的施密特触发器，________脚与________脚连在一起，作为外加信号 u_i 的输入端，________脚为输出信号端。

二、选择题（将正确答案的序号填在括号内）

1. 施密特触发器的输入信号在回差电压范围内时，其输出状态（　　）。

A. 发生变化　　B. 保持不变

C. 为低电平　　D. 为高电平

2. 施密特触发器是依靠输入信号的（　　）触发的。

A. 频率　　B. 相位

C. 幅度　　D. 脉冲

3. 施密特触发器的输出信号是（　　）。

A. 矩形脉冲波　　B. 对称三角波

C. 正弦波　　D. 锯齿波

4. 若 555 集成电路的⑤脚外接电压为 U_S时，②脚的比较电压是（　　）。

A. U_S　　B. $\frac{1}{3}U_S$

C. $\frac{1}{2}U_S$　　D. $\frac{2}{3}U_S$

5. 若 555 集成电路的⑤脚外接电压为 U_S时，⑥脚的比较电压是（　　）。

A. U_S　　B. $\frac{1}{3}U_S$

C. $\frac{1}{2}U_S$　　D. $\frac{2}{3}U_S$

6. 通常由 555 集成电路构成的施密特触发器的回差电压是（　　）。

A. $\frac{1}{3}V_{CC}$　　B. $\frac{2}{3}V_{CC}$

C. V_{CC}　　D. $\frac{1}{2}V_{CC}$

7. 施密特触发器有（　　）种输出状态。

A. 1　　B. 2

C. 3　　D. 4

三、判断题（正确的打√，错误的打×）

1. 施密特触发器输出电压波形的边沿很陡，可以得到理想的矩形脉冲。（　　）

2. 施密特触发器在信号变换、整形、幅度鉴别以及自动控制方面得到了广泛应用。（　　）

四、计算题

1. 设由555电路构成的施密特触发器的电源电压为9 V，⑤脚无外接电压，则门槛电压和回差电压各为多少？试画出其电压转移特性。

2. 设由555电路构成的施密特触发器的电源电压为9 V，⑤脚外接电压为5 V，则门槛电压和回差电压各为多少？试画出其电压转移特性。

任务3　组装与测试555时钟脉冲信号发生器

一、填空题（将正确答案填在横线上）

1. 多谐振荡器是一种能自动产生________波的电路。

2. 脉冲高电平时间占整个脉冲周期时间的百分比称为________。

3. 在RC充放电电路中，电容的充放电速度与R、C的大小有关：R的阻值越大，充放电越________；反之越________。电容的容量越大，充放电越________；反之越________。

4. 在555振荡电路中，当输出端③脚为高电平时，放电管________，电源通过电阻对电容器________电。

5. 在555振荡电路中，当输出端③脚为低电平时，放电管________，电容器通过电阻和⑦脚________电。

6. 多谐振荡器电路的输出状态在________与________之间不断地翻转。

7. 多谐振荡器输出的矩形波中包含了______________。

二、判断题（正确的打√，错误的打×）

1. 在555时钟脉冲信号发生器中，电位器RP的作用是调整脉冲频率。（　　）

2. 在555时钟脉冲信号发生器中，发光二极管闪烁得越快，脉冲信号周期越长。（　　）

三、计算题

1. 555振荡电路如图5－2所示，设 $R_1=3\ \text{k}\Omega$，$R_2=47\ \text{k}\Omega$，$C=10\ \mu\text{F}$，试计算电路的振荡周期、频率和占空比。

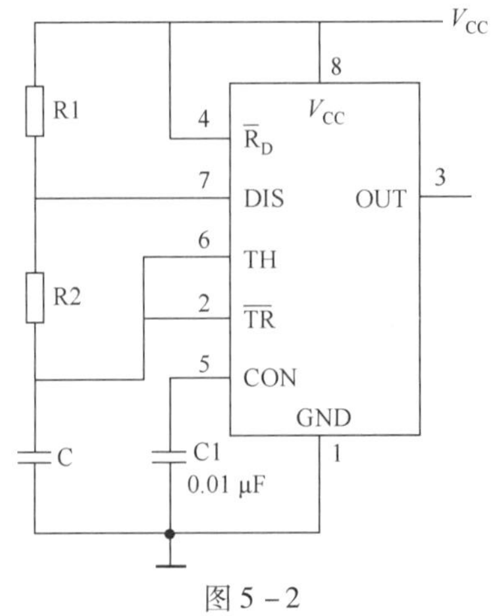

图5－2

2. 555 脉冲信号发生器如图 5－3 所示，$R_P = 100\ k\Omega$，$R_1 = 10\ k\Omega$，$C_2 = 10\ \mu F$，该脉冲信号发生器的输出频率范围是多少？

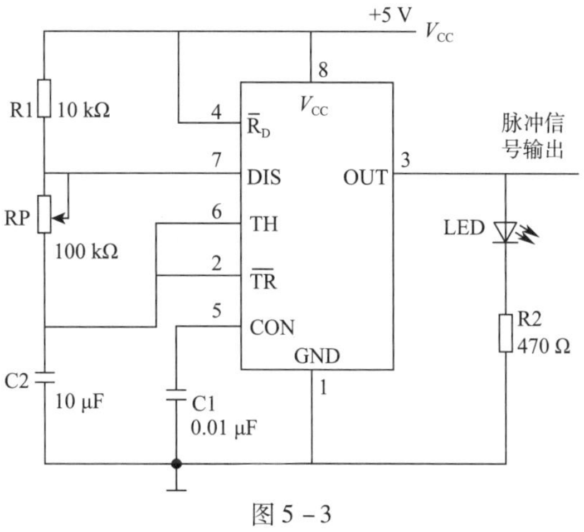

图 5－3

任务 4　组装与测试石英晶体秒脉冲振荡器

一、填空题（将正确答案填在横线上）

1. 石英晶体振荡器是利用石英晶体的________效应制成的一种电谐振元件。

2. 石英晶体振荡器的固有谐振频率只与晶体的________和________有关，因此，可获得很高的频率精确度和稳定度。

3. 已知石英晶体振荡器的频率为 32 768 Hz，如要获得 1 024 Hz 的脉冲信号，需要经过________级 2 分频；如要获得 2 Hz 的脉冲信号，需要经过________级 2 分频；如要获得 1 Hz 的脉冲信号，需要经过________级 2 分频。

4. 集成电路 CD4060 是________级、________进制、________器、________器和________器，工作电压范围为____________V，工作频率为________MHz。

5. 当石英晶振的频率为 32 768 Hz 时，CD4060 可以输出的频率分别为________、________、________、________、________、________、________、________、________、________。

二、判断题（正确的打√，错误的打 ×）

1. 555 振荡器输出频率的精确度和稳定度高于石英晶体振荡器。（　　）

2. 当石英晶振的频率为 32 768 Hz 时，集成电路 CD4060 的最低输出频率为 1 Hz。（　　）

3. 集成电路 CD4060 的多个频率值可以同时输出。（　　）

4. CD4060 石英晶体振荡器中，管脚⑧接电源正极。（　　）

5. 石英晶体振荡器中石英晶振起到对输出波形整形以及与负载隔离的作用。（　　）

三、简答题

石英晶体振荡器中与非门、电阻器、电容器、非门分别起什么作用?

综合练习五

一、绘图题

已知 555 定时器的⑥脚和②脚连接在一起作为输入端 A，④脚作为输入端 B，电路及 A、B 端的输入波形如图 5－4 所示，试画出输出端的波形。

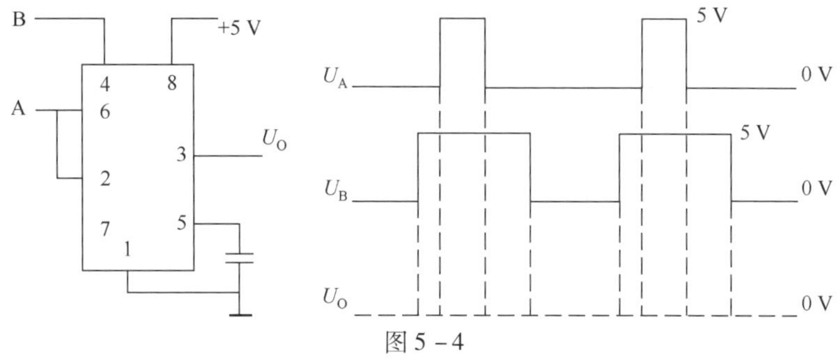

图 5－4

二、分析题

1. 图 5－5 所示为触摸开关电路，手碰金属触摸片时，发光二极管点亮，经过延时，发光二极管自动熄灭，试分析其工作原理，并计算发光二极管点亮的时间。

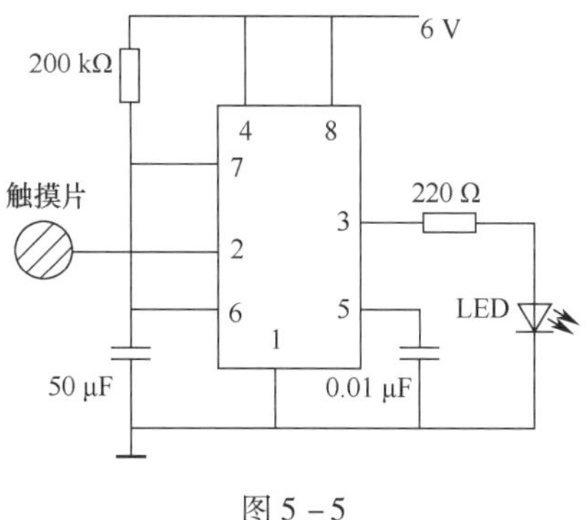

图 5－5

2. 试分析图 5-6 所示电路的工作情况。

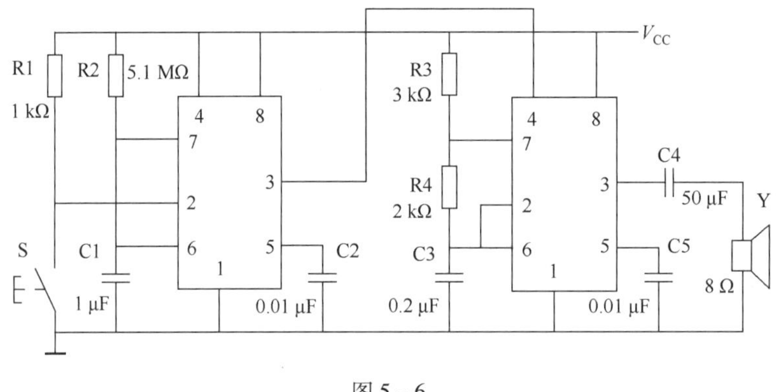

图 5-6

（1）按钮 S 未按下时，两个 555 定时器分别工作在什么状态？

（2）每按动一下按钮 S，两个 555 定时器如何工作？

课题六 半导体存储器和可编辑逻辑器件的应用

任务1 应用 FPGA 开发板实现流水灯功能

一、填空题（将正确答案填在横线上）

1. 半导体存储器是能够存储大量__________的器件，可以存放________、________和__________等。

2. PLD 具有__________、__________和__________等优点，提高了电子系统的设计速度，调试和维修也更加方便。

3. 在集成电路芯片中，一类是________芯片，如 74 系列或 4000 系列；另一类是__________器件，用户可根据需要确定________，制作成自己专用的芯片。

4. FPGA 芯片主要由__________单元、__________和________连接线三部分组成。

5. FPGA 通过模拟________、________等硬件进行各种并行运算，与目标硬件的高速接口互联，用户可以通过________，实现________的功能需要。

6. 利用 Verilog，数字电路系统的设计可以从__________（从抽象到具体）逐层描述设计思想，用一系列__________来表示极其复杂的数字系统。

7. FPGA 的设计中通常使用________来计时，利用____________进行逐步累加，形成按秒计时的时钟。

二、选择题（将正确答案的序号填在括号内）

1. 下列不属于可编程逻辑器件的是（　　）。

A. CPLD　　　　B. CD4060

C. FPGA　　　　D. GAL

2. Verilog 是一种（　　）语言。

A. 硬件描述　　　　B. 面向过程的

C. 计算机底层　　　　D. 机器

3. 下列关于 Quartus 软件的描述，不正确的是（　　）。

A. Quartus 软件是 PLD/FPGA 开发软件

B. Quartus 软件支持原理图、Verilog HDL 及 AHDL 等多种设计输入形式

C. Quartus 软件内嵌有综合器和仿真器

D. Quartus 软件只能完成 PLD 的部分设计

4. 在流水灯实训中，设置 FPGA 开发板的 IO 口电压为（　　）V。

A. 1.5　　B. 3.0

C. 3.3　　D. 4.5

5. 在流水灯实训中，设置 FPGA 开发板未使用的管脚配置为（　　）。

A. 高电平输入　　B. 低电平输入

C. 三态输入　　D. 三态输出

三、判断题（正确的打√，错误的打×）

1. 可编程逻辑控制器 PLD 出厂时已确定其逻辑功能。（　　）

2. CPLD 属于高密度可编程逻辑器件，FPGA 属于复杂可编程逻辑器件。（　　）

3. FPGA 是作为专用集成电路领域半定置电路而出现的，克服了之前可编程器件门电路数有限的缺点。（　　）

4. FPGA 开发板将 IO 口经过一个电阻器和 LED 串联接地，IO 口输出低电平时 LED 点亮。（　　）

5. 编译后的 Verilog HDL 文件，需要通过 JTAG 方式下载到 FPGA 运行。（　　）

四、设计题

1. 如图 6－1 所示，利用 Verilog 描述出一个三输入与门。

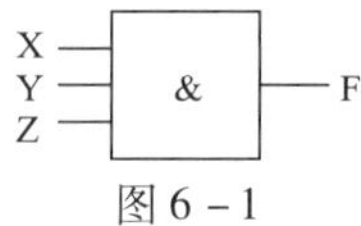

图 6－1

2. 如图 6－2 所示，利用 Verilog 描述出一个二输入或非门。

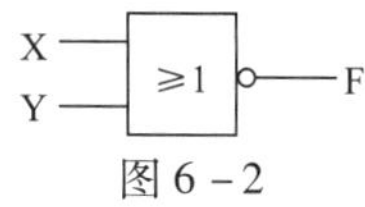

图 6－2

任务 2　ROM 的应用及读写测试

一、填空题（将正确答案填在横线上）

1. 半导体存储器根据断电后数据是否丢失分为__________和__________。

2. 半导体存储器按数据擦除方式分为__________、__________和__________。

3. 半导体存储器按类别分为______型和______型。

4. W27C512 是________存储器，有______根地址线，地址码为________ ~ ________；有______根数据线，可以并行输入/输出_____位数据。

5. 只读存储器 W27C512 主要由__________、________、__________、__________组成。

6. 把 ROM 中的 n 位地址作为逻辑函数的输入变量，则输入变量组成_____个最小项。

7. ROM 中的存储矩阵是把最小项_____运算后输出的。

8. 只读存储器 W27C512 的逻辑函数最多可以达到_____个输入变量，可以同时实现_____个组合逻辑函数。

二、选择题（将正确答案的序号填在括号内）

1. W27C512 型号最后 3 位数字表示芯片存储容量为（　　）。

A. 512 bit　　B. 512 Kbit　　C. 512 Mbit　　D. 512 Gbit

2. W27C512 的每个存储单元可以存储（　　）位数据。

A. 4　　B. 8　　C. 16　　D. 32

3. W27C512 的片选控制线为低电平时芯片（　　）。

A. 被选中工作　　B. 编程禁止　　C. 未选中　　D. 备用状态

4. W27C512 的 3 态控制端接高电平时，缓冲器处于（　　）。

A. 工作状态　　B. 高阻状态　　C. 导通状态　　D. 截止状态

5. 把 ROM 中的地址 A_3、A_2、A_1、A_0作为逻辑函数的输入变量，则输入变量组成的最小项有（　　）个。

A. 4　　B. 8　　C. 16　　D. 32

6. 使用 ROM 的数据输出端 D_0、D_1、D_2、D_3可以实现（　　）个组合逻辑函数。

A. 4　　B. 8　　C. 16　　D. 32

三、简答题

ROM 的 IP 核是什么?

四、设计题

1. 用 ROM 实现下列函数。

$Y_2 = AB + \overline{A}\,\overline{B}$　　$Y_1 = A + \overline{B}$　　$Y_0 = \overline{A}\,\overline{B}$

2. 用 ROM 存储器 W27C512 实现下列四个逻辑函数：

$$Y_1 = \overline{A}\,\overline{B}\,\overline{C} + \overline{A}B\overline{C} + A\overline{B}C + ABC$$

$$Y_2 = \overline{A}\,\overline{B}C + \overline{A}BC + A\,\overline{B}\,\overline{C} + AB\,\overline{C}$$

$$Y_3 = \overline{A}B + \overline{B}C$$

$$Y_4 = BC + \overline{A}\,\overline{B}$$

（1）将上述逻辑函数式化为最小项表达式。

（2）将逻辑电路补画完整，标出输入/输出逻辑符号（见图 6－3）。

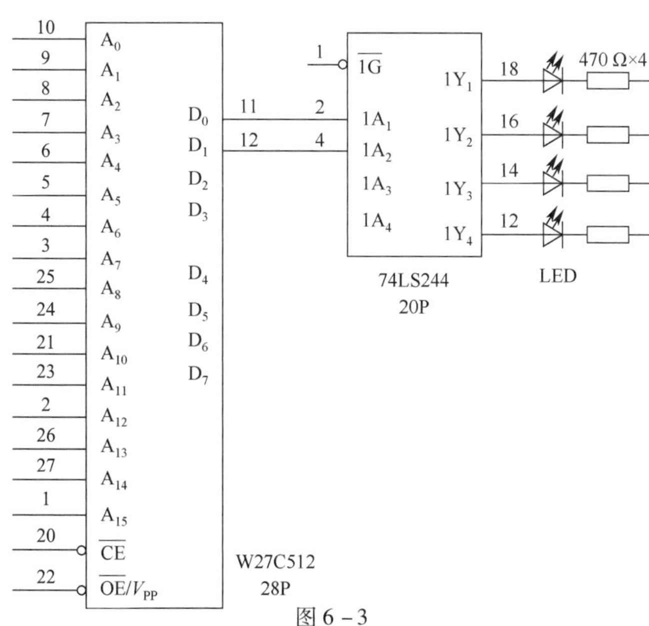

图 6－3

（3）列出 ROM 输出/逻辑函数真值表，编制存储器的数据码与地址码（十六进制）（见表 6－1）。

表 6－1

输入变量	ROM 输出/逻辑函数真值表				存储器	
ABC	D_3/Y_4	D_2/Y_3	D_1/Y_2	D_0/Y_1	数据码	地址码
000						0000H
001						
010						
011						
100						
101						
110						
111						0007H

3. 用 ROM 将 4 位二进制数码变换为 4 位格雷码。

4. 用 ROM 存储器 W27C512 实现两个 2 位二进制数 A、B 的乘法运算（A 数为 A_1A_0，B 数为 B_1B_0，积为 $S_3S_2S_1S_0$）。

（1）将逻辑电路补画完整，标出输入/输出逻辑符号（见图 6－4）。

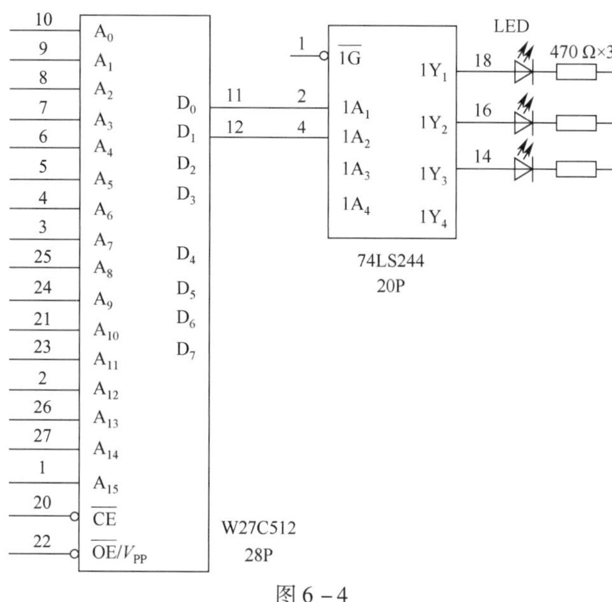

图 6－4

（2）列出 ROM 输出/乘积真值表，编制存储器的数据码与地址码（十六进制）（见表 6－2）。

表 6－2

乘数		ROM 输出/乘积真值表				存储器	
A_1A_0	B_1B_0	D_3/S_3	D_2/S_2	D_1/S_1	D_0/S_0	数据码	地址码
00	00	0	0	0	0	00H	0000H
00	01						
00	10						
00	11						
01	00						
01	01						
01	10						
01	11						
10	00						
10	01						
10	10						
10	11						
11	00						
11	01						
11	10						
11	11	1	0	0	1	09H	000FH

5. 用 ROM 存储器 W27C512 实现两个 2 位二进制数 A、B 的加法运算（A 数为 A_1A_0，B 数为 B_1B_0，和为 $S_2S_1S_0$）。

（1）将逻辑电路补画完整，标出输入/输出逻辑符号（见图 6－5）。

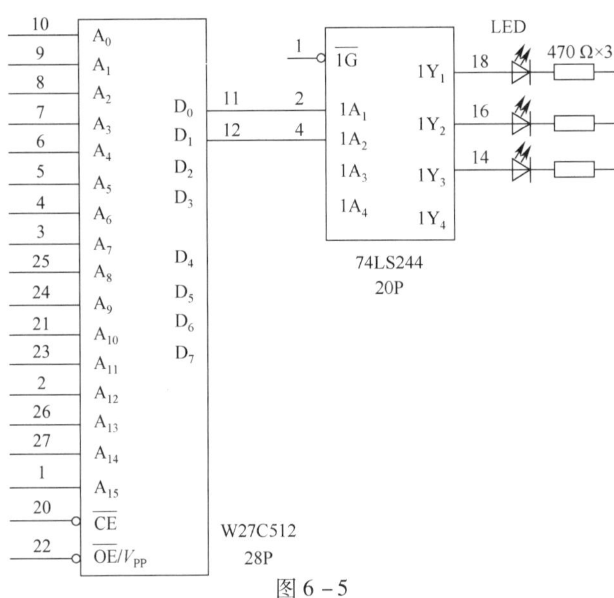

图 6－5

（2）列出 ROM 输出/和真值表，编制存储器的数据码与地址码（十六进制）（见表 6－3）。

表 6－3

加数		ROM 输出/和真值表				存储器	
A_1A_0	B_1B_0	D_3	D_2/S_2	D_1/S_1	D_0/S_0	数据码	地址码
00	00	0	0	0	0	00H	0000H
00	01	0					
00	10	0					
00	11	0					
01	00	0					
01	01	0					
01	10	0					
01	11	0					
10	00	0					
10	01	0					
10	10	0					
10	11	0					

续表

加数		ROM输出/和真值表				存储器	
A_1A_0	B_1B_0	D_3	D_2/S_2	D_1/S_1	D_0/S_0	数据码	地址码
11	00	0					
11	01	0					
11	10	0					
11	11	0	1	1	0	06H	000FH

任务3　认识随机存储器RAM

一、填空题（将正确答案填在横线上）

1. 通电时RAM可以对选中的存储单元进行________、________操作，但断电后所有的信息都会________。

2. 当片选信号为低电平时，RAM2114被________；当片选信号为高电平时，RAM2114被________。

3. 当读写控制线为低电平时，RAM2114进行________操作；当读写控制线为高电平时，RAM2114进行________操作。

4. RAM2114有________条地址线，有________个存储单元，有________条数据线，因此，总存储容量为________位。

5. 位扩展是指扩展每一个存储单元二进制数的________；字扩展是指扩展总存储单元的________。

6. 随机存储器RAM内部结构由________、______________和________三部分组成。

7. 用两片1 KB×4位RAM可以扩展为__________位存储器或__________位存储器。

8. SDRAM的全称是____________________，工作中需要同步________，内部命令的发送与数据的传输都以时钟为基准；存储阵列需要不断地________、________，以防止电容电量丢失，从而保留住数据。

二、判断题（正确的打√，错误的打×）

1. SRAM主要依靠触发器存储数据，需要刷新。（　　）

2. 每当SDRAM结束当前寻址，开始新寻址时，P-Bank关闭现有工作行，准备打开新行的操作就是预充电。（　　）

3. 断电后RAM的数据保持不变。（　　）

三、简答题

SDRAM 工作时先进行初始化，然后进入工作状态，初始化包括哪几个阶段？

四、绘图题

1. 用两片 1 KB ×4 位 RAM 构成 1 KB ×8 位的存储器电路（见图 6 –6）。

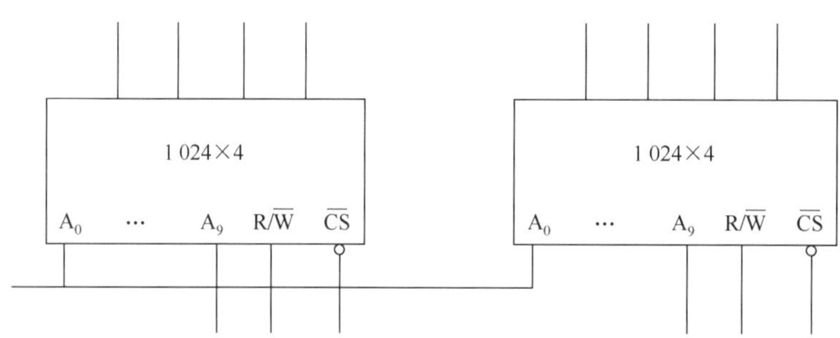

图 6 –6

2. 用两片 1 KB ×4 位 RAM 构成 2 KB ×4 位的存储器电路（见图 6 –7）。

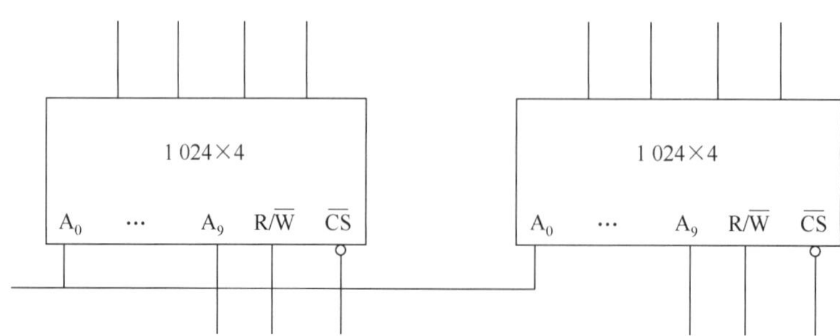

图 6 –7

综合练习六

设计题

1. 用 ROM 存储器 W27C512 实现小组决议表决电路。该小组有 1 名组长 A，3 名组员 B、C、D。如果组长和至少一名组员同意，决议 Y 通过；如果组长不同意，但 3 名组员都同意，决议 Y 也可通过。

（1）将逻辑电路补画完整，标出输入/输出逻辑符号（见图 6－8）。

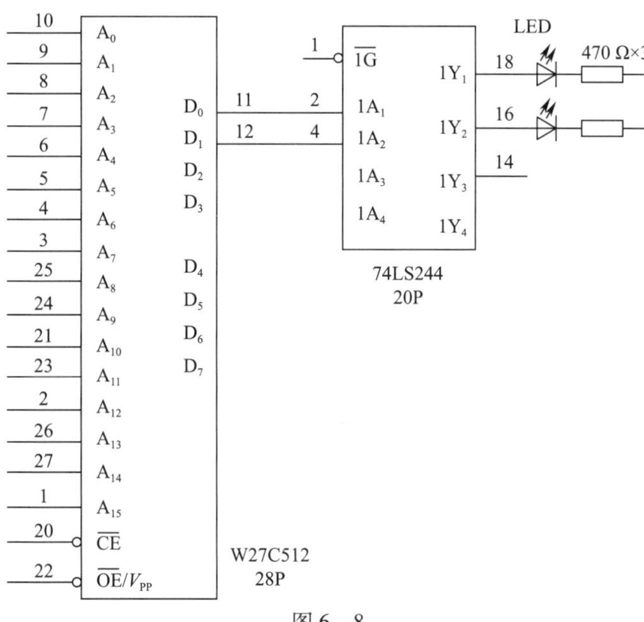

图 6－8

（2）列出 ROM 输出/Y 真值表，编制存储器的数据码与地址码（十六进制）（见表 6－4）。

表 6－4

小组成员	ROM 输出/Y 真值表				存储器	
ABCD	D_3	D_2	D_1	D_0/Y	数据码	地址码
0000	0	0	0			
0001	0	0	0			
0010	0	0	0			
0011	0	0	0			

续表

小组成员	ROM 输出/Y 真值表				存储器	
ABCD	D_3	D_2	D_1	D_0/Y	数据码	地址码
0100	0	0	0			
0101	0	0	0			
0110	0	0	0			
0111	0	0	0			
1000	0	0	0			
1001	0	0	0			
1010	0	0	0			
1011	0	0	0			
1100	0	0	0			
1101	0	0	0			
1110	0	0	0			
1111	0	0	0			

2. 用 ROM 存储器 W27C512 构成数码转换电路，实现余 3 码转换为 8421BCD 码（余 3 码为 ABCD，8421BCD 码为 $Y_3Y_2Y_1Y_0$）。但如果输入为非余 3 码，则输出全部为高电平，即 $Y_3Y_2Y_1Y_0 = 1111B$。

（1）将逻辑电路补画完整，标出输入/输出逻辑符号（见图 6－9）。

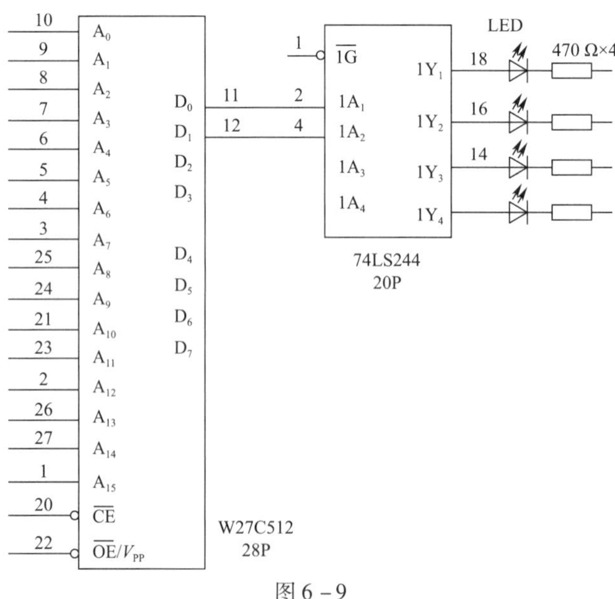

图 6－9

（2）列出 ROM 输出/8421BCD 码真值表，编制存储器的数据码与地址码（见表6－5）。

表6－5

余3码	ROM 输出/8421BCD 码				存储器	
ABCD	D_3/Y_3	D_2/Y_2	D_1/Y_1	D_0/Y_0	数据码	地址码
0000						
0001						
0010						
0011						
0100						
0101						
0110						
0111						
1000						
1001						
1010						
1011						
1100						
1101						
1110						
1111						

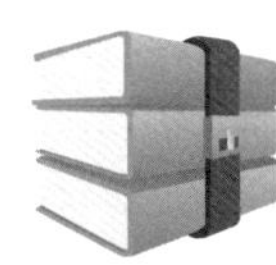

课题七　数模与模数转换器的应用

任务1　组装与测试数模转换器

一、填空题（将正确答案填在横线上）

1. 将数字信号转换为相应的模拟信号称为________转换。

2. 数模转换器简称 DAC，其中 D 代表________，A 代表________，C 代表________。

3. 数模转换电路由输入寄存器、电子开关、基准电压、________________和运算放大器等部分组成。

4. DAC 电路中，运放的作用是将模拟电流转换为模拟________输出。

5. DAC0832 的数字量输入________位，电源电压范围为________ V，基准电压范围为________ V。

6. 集成运放 LM358 内部有________个运算放大器。

7. DAC 电路中，某位输入数据为 1 时，由基准电压提供的电流经电阻网络流向运算放大器的__________________端参加运算；输入数据为 0 时，电流流向________。

二、选择题（将正确答案的序号填在括号内）

1. DAC 电路中，输出模拟电压的高低与输入数字量的大小（　　）。

A. 成正比关系　　　　B. 成反比关系　　　　C. 无关系

2. DAC 电路中，输入数字量的位数越多，分辨输出最小电压的能力越（　　）。

A. 稳定　　　　B. 弱　　　　C. 强

3. DAC 电路中，当输入数据全部为 0 时，输出电压等于（　　）。

A. 电源电压　　　　B. 0　　　　C. 基准电压

4. DAC 电路中，当输入数据全部为 1 时，输出电压（　　）。

A. 接近基准电压　　　　B. 接近 0　　　　C. 等于基准电压

5. DAC 电路中，当输入数据只有最高位为 1 时，输出电压等于（　　）。

A. 基准电压　　　　B. $\frac{1}{2}$基准电压　　　　C. 电源电压

三、判断题（正确的打√，错误的打×）

1. 温度、压力、位移、声音等物理量是数字量。（　　）
2. 连续变化的电压、电流是数字量。（　　）
3. 三角波、锯齿波是数字量。（　　）
4. 矩形波信号是数字量。（　　）
5. DAC 电路是将数字量以二进制权值关系转换为模拟量的电路。（　　）

四、计算题

1. 有一个 4 位电阻网络 DAC 如图 7－1 所示，$U_{REF}=10$ V，$R=R_f$。当输入数字量 $D_3D_2D_1D_0$分别为 0001B、1000B、1111B 时，输出模拟电压各是多少？

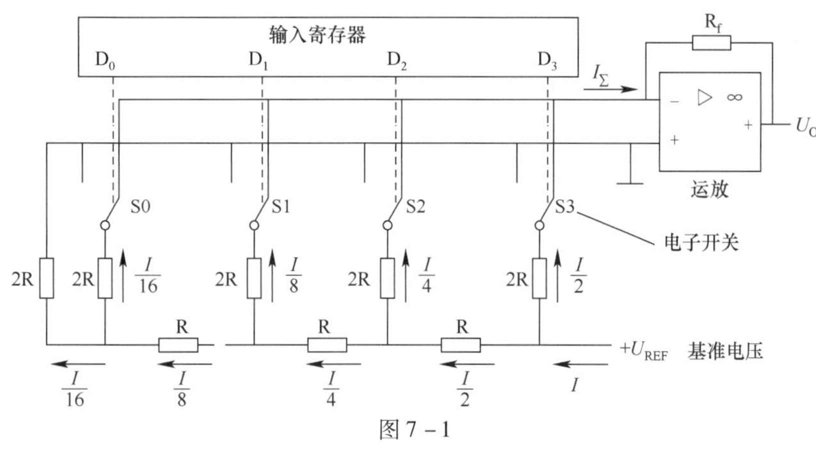

图 7－1

2. 有一个 8 位电阻网络 DAC，基准电压 $U_{REF}=10$ V，$R=R_f$。当输入数字量 $D_7\sim D_0$分别为 01H、80H、0FFH 时，输出模拟电压各是多少？

任务2　应用模数转换器制作数字电位器

一、填空题（将正确答案填在横线上）

1. 将模拟量信号转换为相应的数字量信号称为________转换。

2. 模数转换器简称 ADC，其中 A 代表________，D 代表________，C 代表________。

3. 模数转换过程分为________、________、________、________四个步骤。

4. ADC0809 的电源电压为______ V，输入模拟电压范围为________ V，输出______位数字量。

5. ADC0809 时钟脉冲频率的典型值为________ kHz。

6. 常用的 ADC 类型有__________型和__________型。

二、选择题（将正确答案的序号填在括号内）

1. ADC0809 可以锁存（　　）路模拟量信号。

　A. 1　　B. 4

　C. 8　　D. 16

2. ADC0809 的地址码为（　　）位。

　A. 3　　B. 4

　C. 8　　D. 16

3. 在模数转换电路中，输入模拟量与输出数字量之间（　　）。

　A. 无关系　　B. 成正比关系

　C. 成反比关系　　D. 相等关系

4. 在模数转换电路中，输出数字量的位数越多，分辨率（　　）。

　A. 越稳定　　B. 越低

　C. 越高　　D. 不变

三、判断题（正确的打√，错误的打 ×）

1. ADC 电路是将连续变化的模拟量转换为离散的数字量。（　　）

2. ADC0809 是 CMOS 型模数转换器。（　　）

3. ADC0809 模数转换方式是逐次逼近型，其优点是使用元件数量少。（　　）

4. ADC 电路的取样－保持是对模拟信号的幅度进行周期性取值并保持一段时间。（　　）

四、计算题

有一个 8 位 ADC 构成的数字式旋转电位器，其圆周刻度线上按顺时针方向分别标示为 0、1、2、3、4、5。若 0 刻度对应的数字量为 0，对应刻度 1、2、3、4、5 的数字量（用十六进制和十进制形式表示）分别是多少？

综合练习七

一、选择题（将正确答案的序号填在括号内）

1. 一个 8 位电阻网络 DAC 输出电平的级数为（　　）。

   A. 64　　B. 128

   C. 255　　D. 256

2. 电阻网络 DAC 电路中，当输入数字量全部为 1 时，输出电压（　　）。

   A. 接近基准电压　　B. 接近 0

   C. 等于基准电压　　D. 等于 V_{CC}

3. 电阻网络 DAC 电路中，当输入数据只有最高位为 1 时，输出电压等于（　　）。

   A. 基准电压　　B. V_{CC}

   C. 基准电压的一半　　D. $\frac{1}{2}V_{CC}$

4. 将连续变化的模拟量转换为断续（离散）的模拟量的过程称为（　　）。

   A. 取样　　B. 量化

   C. 保持　　D. 编码

5. 用二进制码表示离散电平称为（　　）。

   A. 取样　　B. 量化

   C. 保持　　D. 编码

二、计算题

1. 有一个4位电阻网络DAC如图8－1所示，$U_{REF}=10\ V$，$R=R_f=10\ k\Omega$。当输入数字量$D_3D_2D_1D_0=1111$时，流过各电子开关S0～S3的电流分别是多少？输出模拟电压是多少？

*2. 有一个4位逐次逼近型ADC，基准电压$U_{REF}=8\ V$。若输入模拟电压为4.52 V，则输出的数字量（用二进制表示）是多少？

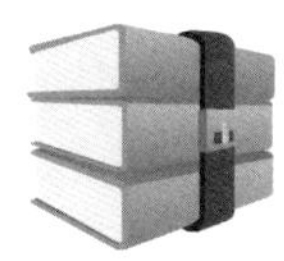

课题八　制作接口电路

任务1　应用光耦制作输入接口电路

一、填空题（将正确答案填在横线上）

1. 光耦分为两种：一种为________光耦，另一种为________光耦。
2. 光耦由发光二极管和________管封装在一起，元件之间用________绝缘隔离。
3. 光耦是________________________转换器件。
4. 光耦的输出类型有________型、________________型和__________型。

二、判断题（正确的打√，错误的打×）

1. 光耦的输入端与输出端完全实现电隔离。（　　）
2. 用万用表可以检测光耦的好坏。（　　）
3. 光耦的输入端相当于普通三极管的基极。（　　）
4. 光耦的输出部分大都是红外发光二极管。（　　）

三、简答题

1. 数字系统输入、输出接口电路的作用各是什么？

2. 为什么光电耦合输入接口电路有较高的抗干扰能力？

3. 光耦有哪些主要参数？如何检测光耦的好坏？

4. 简述光耦的内部结构和工作原理。

任务2 应用继电器制作输出接口电路

一、填空题（将正确答案填在横线上）

1. 为了防止直流继电器线圈断电时产生的感应电动势击穿驱动电路，线圈两端必须并联________________。

2. 继电器线圈通电后，其常开触点________，常闭触点________。

3. 数字电路中的功率三极管工作于________或________状态。

4. ULN2003 是________路三极管开关电路。

5. ULN2003 输入信号为高电平时，输出信号为________电平。

二、判断题（正确的打√，错误的打×）

1. 继电器的线圈和触点在物理上是绝缘的。 （ ）
2. 数字电路通常用锗 PNP 三极管来驱动直流继电器。 （ ）
3. 用集成驱动电路 ULN2003 驱动继电器时，必须接入反偏二极管。 （ ）
4. 用万用表直流电压挡分别测量 ULN2003 输入、输出端电压，可判断其好坏。 （ ）

三、简答题

1. 用数字电路驱动大功率负载需要什么样的中间环节？包含哪几个方面？

2. 怎样选择继电器线圈的额定工作电压？

3. 怎样选择继电器触点的额定工作电压和电流？

4. 如何判断集成驱动电路 ULN2003 是否损坏？

任务3　应用光耦制作输出接口电路

简答题

1. 为什么继电器输出接口电路只能应用于低速控制场合？

2. 为什么光耦输出接口电路可以应用于高速控制场合？

3. 为什么 CMOS 集成电路可以直接驱动达林顿结构的光耦？

4. 分析如图 8－1 所示电路的工作原理。

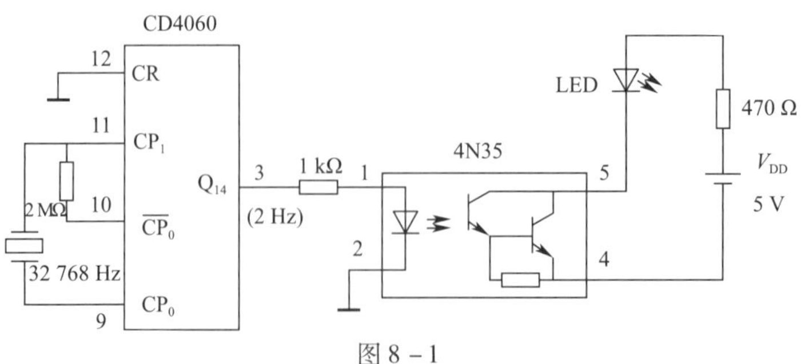

图 8－1

综合练习八

一、简答题

1. 若输入信号高电平为 +24 V，低电平为 0，如何转换为 TTL 电平？

2. 若数字电路的负载类型为低速，输出接口电路宜选择何种器件？

3. 若数字电路的负载类型为高速直流，输出接口电路应选择何种器件？

4. 若数字电路的负载类型为高速交流，输出接口电路应选择何种器件？

*二、思考题

机械开关和电子开关各有什么特点？分别适用于什么场合？

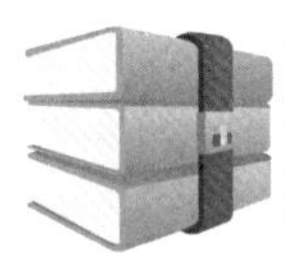

模拟试卷一

题号	一	二	三	四	五	六	七	总分	核分人
得分									

一、填空题（将正确答案填在横线上。每题 **1** 分，共 **10** 分）

1. 有一数码 0100 1001，作为二进制数时，它相当于十进制数________；作为 8421BCD 码时，它相当于十进制数________。

2. 能够实现“线与”的 TTL 门电路称为________________。

3. 无记忆功能的数字电路称为________逻辑电路。

4. 同步触发器在一个 CP 脉冲高电平期间发生多次翻转，称为________。

5. 半导体存储器根据断电后数据是否丢失可分为________和________两类。

6. 构成 1 024 ×8 位的存储器需要________片 256 ×4 位的芯片。

7. A/D 转换的一般步骤是________、________、________、________。

8. 时序逻辑电路按照其触发器是否有统一的时钟控制划分为________时序电路和________时序电路。

9. FPGA 的设计中通常使用______来计时，利用______________进行逐步累加，形成按秒计时的时钟。

10. 光耦是________________转换器，其输入端与输出端能够实现电气隔离。

二、选择题（将正确答案的序号填在括号内。每题 **1** 分，共 **14** 分）

1. 数字电路的特点是（　　）。

   A. 输入、输出信号都是连续的

   B. 输入、输出信号都是离散的

   C. 输入信号是连续的，输出信号是离散的

   D. 输入信号是离散的，输出信号是连续的

2. 只有当两个输入变量的取值不同时，输出才为1，否则输出为0，这种逻辑关系是（　　）。

A. 同或　　B. 与非

C. 异或　　D. 或非

3. TTL 门的逻辑电平数值不能为（　　）V。

A. 0　　B. 0.3

C. 1.4　　D. 2.8

4. 下列电路中属于组合逻辑电路的是（　　）。

A. 数据寄存器　　B. 编码器

C. 触发器　　D. 计数器

5. 下列电路中无须外加触发信号就能自动产生矩形波的是（　　）。

A. 多谐振荡器　　B. 计数器

C. 施密特触发器　　D. RS 触发器

6. TTL 与非门的输入端全部悬空时，输出为（　　）。

A. V_{CC}　　B. 低电平

C. 高电平　　D. 高阻态

7. 译码器属于（　　）。

A. 记忆电路　　B. 组合逻辑电路

C. 运算电路　　D. 时序逻辑电路

8. 下列集成电路中具有记忆功能的是（　　）。

A. 与非门　　B. 或非门

C. 异或门　　D. JK 触发器

9. 下列4个数中的最大数为（　　）。

A. $[11\ 0010]_2$　　B. $[51]_{10}$

C. $[34]_{16}$　　D. $[61]_8$

10. 多谐振荡器输出的波形是（　　）。

A. 正弦波　　B. 锯齿波

C. 尖脉冲　　D. 矩形脉冲

11. 具有回差特性的是（　　）。

A. 延时接通定时器　　B. 延时断开定时器

C. 施密特触发器　　D. 多谐振荡器

12. 输出频率稳定性高的电路是（　　）。

A. 石英晶体多谐振荡器

B. 555 电路构成的多谐振荡器

C. 不能确定

13. 已知某逻辑电路的真值表见下表，则其逻辑表达式是（　　）。

A	B	Y	A	B	Y
0	0	0	1	0	1
0	1	1	1	1	1

A. $Y = AB$

B. $Y = A + B$

C. $Y = \overline{A + B}$

D. $Y = A + \overline{B}$

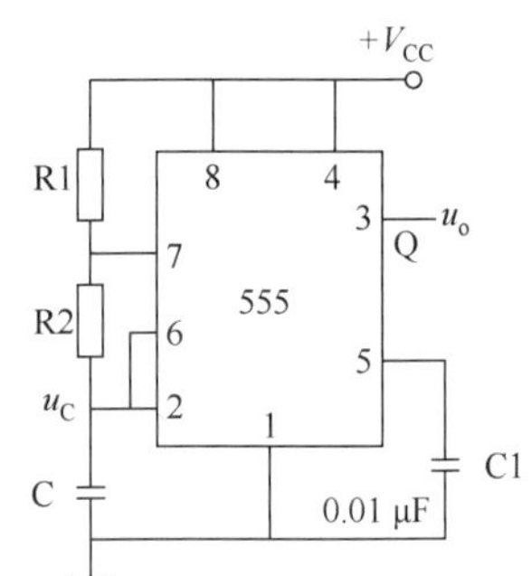

14. 右图中的555电路构成了（　　）。

A. 多谐振荡器

B. 延时接通定时器

C. 施密特触发器

三、判断题（正确的打√，错误的打×。每题1分，共5分）

1. 下列所示电路中，输入端1、2均为多余输入端，判断电路接法正误。

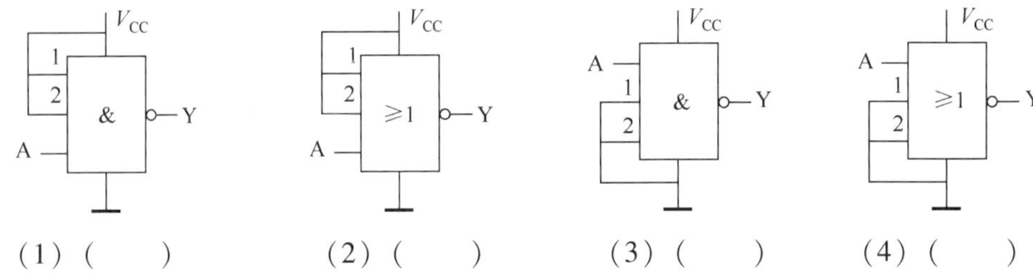

（1）（　　）　　（2）（　　）　　（3）（　　）　　（4）（　　）

2. 可编程逻辑控制器PLD出厂时已确定其逻辑功能。（　　）

3. ROM输出电流较大，可以直接驱动LED负载。（　　）

4. ADC电路是将连续变化的模拟量转换为离散的数字量。（　　）

5. 555定时器的延时时间与电源电压无关。（　　）

四、计算题（共25分）

1. 数制或代码转换（每题2分，共4分）

（1）$[6A]_{16} = [\qquad]_2 = [\qquad]_8 = [\qquad]_{10}$

（2）$[1001\ 0010\ 0100\ 0111]_{8421BCD} = [\qquad]_{余3码}$

2. 算术运算（每题2分，共4分）

（1）$0FAH + 0B8H = [\qquad]_2 = [\qquad]_{16}$

（2）$57H \times 4H \times 2H = [\qquad]_2 = [\qquad]_{16}$

3. DAC 计算（5 分）

有一个 8 位电阻网络 DAC，基准电压 $U_{REF}=10\ V$，$R=R_f$。若输入数字量为 88H，输出模拟电压是多少？

4. 化简逻辑函数（每题 6 分，共 12 分）

（1）$Y_1=A+\overline{B}CD+\overline{A}BD$

（2）$Y_2(A,B,C,D)=\sum m(5,6,7,8,9)+\sum d(10,11,12,13,14,15)$

五、绘图题（6 分）

已知时钟脉冲 CP 和输入信号 A 的波形，试绘出触发器输出端 Q 的波形（设初始状态为 0）。

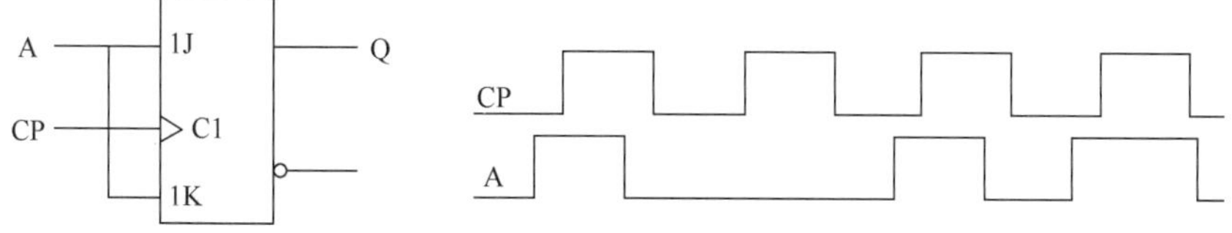

六、简答题（每题 8 分，共 16 分）

1. 时序逻辑电路按触发方式可分为哪两类？各具有什么特点？

2. 为什么光电耦合输入接口电路有较高的抗干扰能力？

七、设计题（每题 8 分，共 24 分）

1. 在举重比赛中，有 A、B、C 3 名裁判，其中 A 为主裁判，B、C 为副裁判。当主裁判和 1 名以上（包括 1 名）副裁判认为运动员上举合格后，才可发出合格信号。要求：（1）列出真值表和逻辑函数式。（2）用与非门画出逻辑图。

2. 用异步清零法将 4 位二进制计数器 74LS161 转换为十进制计数器，绘出逻辑电路图（见下图）。可以附加必要的门电路，并标明进位输出端。

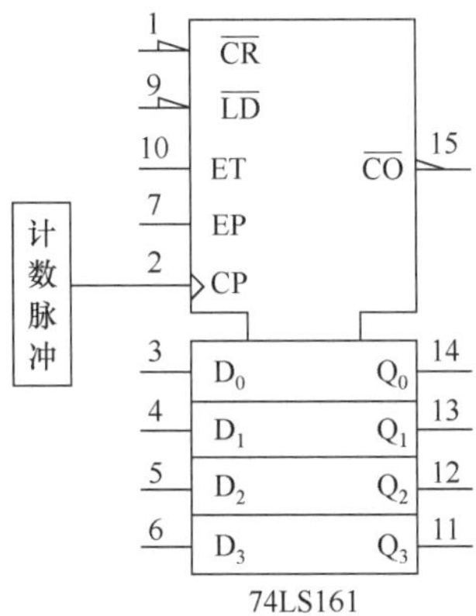

3. 用同步置数法将 4 位二进制计数器 74LS161 转换为十进制计数器，绘出逻辑电路图（见下图）。可以附加必要的门电路，并标明进位输出端。

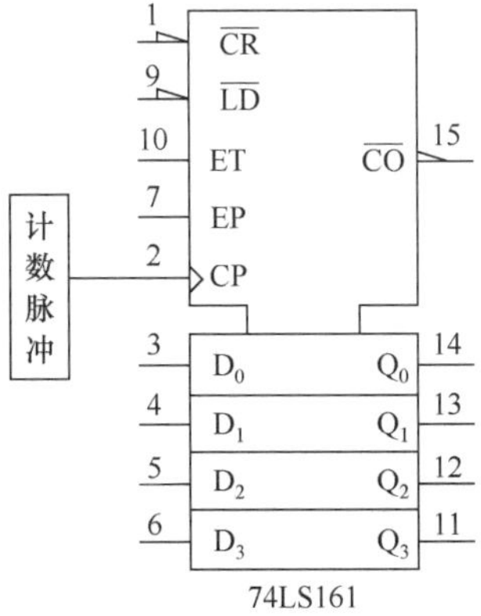

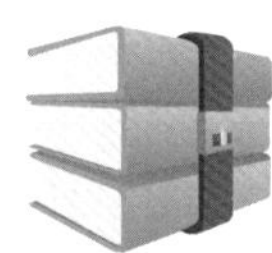

模拟试卷二

题号	一	二	三	四	五	六	七	总分	核分人
得分									

一、填空题（将正确答案填在横线上。每题 1 分，共 15 分）

1. 逻辑代数的三种基本运算是________、________和________。

2. 三态门的三种输出状态分别是高电平、低电平和________。

3. 如果对键盘上的 108 个符号进行二进制编码，则至少要________位二进制数码。

4. 触发器是数字电路中的基本单元电路，它有________个稳定状态。

5. 寄存器具有存储数据的功能，可分为________寄存器和________寄存器。

6. 寄存器取出数码的方式有________输出和________输出两种。

7. 常用化简逻辑函数式的工具是逻辑代数定律和________图。

8. 由 n 个变量组成的最小项有________个。

9. 偶数个“1”连续进行异或运算，其结果是________。

10. 奇数个“1”连续进行异或运算，其结果是________。

11. 74LS138 是 3 线 - 8 线译码器，译码信号输出为低电平有效，若地址码输入为 $A_2A_1A_0=110$ 时，译码输出 $\overline{Y_7}\ \overline{Y_6}\ \overline{Y_5}\ \overline{Y_4}\ \overline{Y_3}\ \overline{Y_2}\ \overline{Y_1}\ \overline{Y_0}$ 应为________________。

12. 一个 10 位地址码、8 位输出的 ROM，其存储容量为________。

13. FPGA 通过模拟________、______等硬件进行各种并行运算，与目标硬件的高速接口互联，用户可以通过________实现________的功能需要。

14. 由于存储器 W27C512 有 16 位地址输入和 8 位数据输出，则逻辑函数最多可以达到________个输入变量，可以同时实现________个组合逻辑函数。

15. 随机存储器 RAM 内部结构由________、________________和读/写控制电路三部分组成。

二、选择题（将正确答案的序号填在括号内。每题 1 分，共 9 分）

1. 若输入变量 A = B 时，输出 Y = 1，则逻辑关系是（　　）。

   A. 异或　　B. 与非

   C. 或非　　D. 同或

2. 若输入变量 A ≠ B 时，输出 Y = 1，则逻辑关系是（　　）。

   A. 异或　　B. 同或

   C. 或非　　D. 与非

3. 要使 JK 触发器的输出 Q 从 1 变成 0，它的输入信号 JK 应为（　　）。

   A. 00　　B. 10

   C. 11　　D. 无法确定

4. 如果触发器的次态仅取决于 CP（　　）时输入信号的状态，就可以克服空翻。

   A. 上升（下降）沿　　B. 高电平

   C. 低电平　　D. 无法确定

5. 右图中的 555 电路构成了（　　）。

   A. 多谐振荡器

   B. 定时器

   C. 施密特触发器

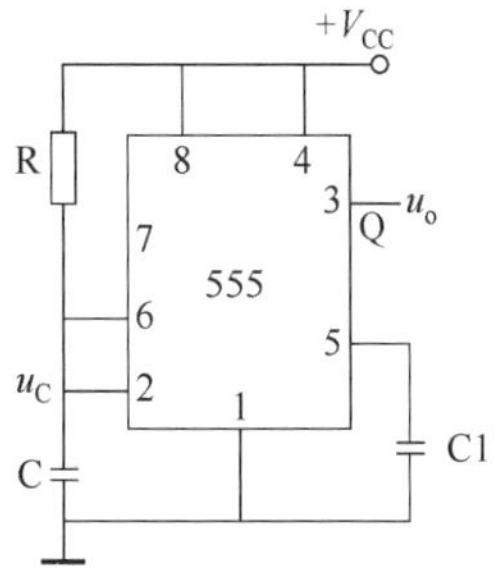

6. Verilog 是一种（　　）。

   A. 硬件描述语言　　B. 面向过程的语言

   C. 计算机底层语言　　D. 机器语言

7. DAC 电路中，输出模拟电压高低与输入数字量大小（　　）。

   A. 无关系　　B. 成反比关系

   C. 成正比关系

8. 一个 4 位电阻网络 DAC 输出电平的级数为（　　）。

   A. 4　　B. 8

   C. 16　　D. 32

9. 电阻网络 DAC 电路中，当输入数字量全部为 1 时，输出电压（　　）。

   A. 接近基准电压　　B. 接近 0

   C. 等于基准电压　　D. 等于 V_{CC}

三、判断题（正确的打√，错误的打 ×。每题 1 分，共 14 分）

1. 或非门电路的逻辑功能是“有 1 出 0，全 0 出 1”。（　　）
2. 由基本逻辑门电路可组合成复合逻辑门，如“与或非”门等。（　　）
3. 译码是将二进制代码翻译成特定的信息。（　　）
4. DAC 电路是将连续变化的模拟量转换为离散的数字量。（　　）
5. 显示十进制数字需要采用十段数码管。（　　）

6. 基本 RS 触发器的翻转受时钟脉冲 CP 的控制。 (　　)

7. 当 JK 触发器中 $J=K=1$ 时，触发器的状态立即翻转。 (　　)

8. 对于边沿触发器，CP 脉冲高电平或上升沿的逻辑作用是等效的。 (　　)

9. 4 位二进制计数器的计数范围是 0000 ~ 1111。 (　　)

10. 逻辑函数式不同的逻辑函数，其逻辑功能一定不相同。 (　　)

11. 逻辑真值表相同的逻辑函数，其逻辑功能一定相同。 (　　)

12. 化简逻辑函数式的目的是用最少的器件搭建逻辑电路。 (　　)

13. 时序逻辑电路的输出仅取决于过去的工作状态。 (　　)

14. 组合逻辑电路的输出取决于当前时刻的输入信号。 (　　)

四、计算题（共 16 分）

1. 算术运算（每题 2 分，共 4 分）

（1）$0FAH - 0B8H = [\qquad\qquad\qquad]_2 = [\qquad\qquad]_{16}$

（2）$50H \div 4H \div 2H = [\qquad\qquad\qquad]_2 = [\qquad\qquad]_{16}$

2. ADC 计算（2 分）

有一个 4 位逐次逼近型模数转换电路，基准电压为 5 V。若输入的模拟电压分别为 1.25 V和 4.8 V，则输出的数字量各是多少？

3. 化简逻辑函数（每题 5 分，共 10 分）

（1）$Y_1 = \overline{A}BC + ABC + \overline{A}\,\overline{B}C + \overline{A}B\overline{C}$

（2）$Y_2(A, B, C) = \sum m(1, 2, 4, 7) + \sum d(3, 5)$

五、绘图题（每题3分，共6分）

1. 已知下图逻辑电路的时钟脉冲CP和输入信号A的波形，试绘出触发器输出端Q的波形（设初始状态为0）。

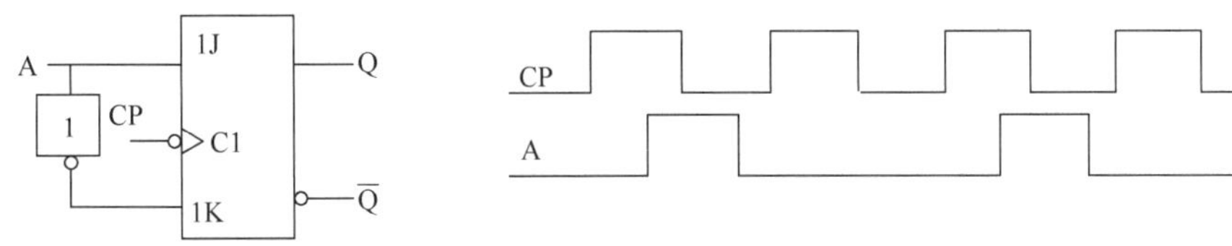

2. 试用与非门绘出逻辑函数Y = AB + BC + AC的逻辑电路图。

六、简答题（每题8分，共16分）

1. 用数字电路驱动大功率负载，需要什么样的中间环节？包含哪几个方面？

2. 石英晶体振荡器中电阻器、电容器、与非门分别起什么作用？

七、设计题（每题 8 分，共 24 分）

1. 用比较器 74LS85 实现“四舍五入”逻辑电路。8421BCD 码从 A 端输入，若输入大于 4，则输出 Y =1。

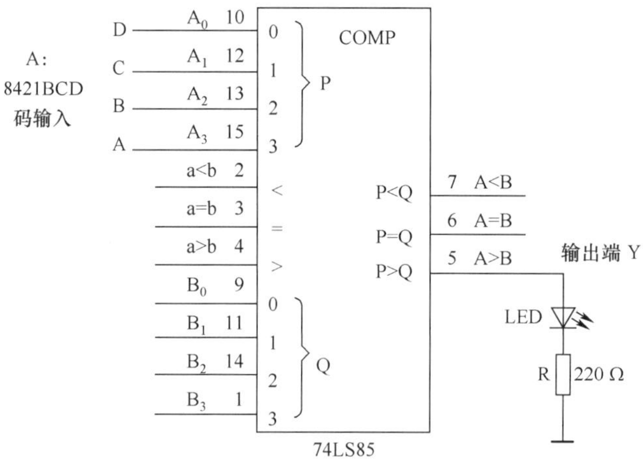

2. 用译码器 74LS138 实现逻辑函数 $Y = AC + \overline{A}B$。要求：（1）写出逻辑函数最小项表达式。（2）绘出逻辑电路图。

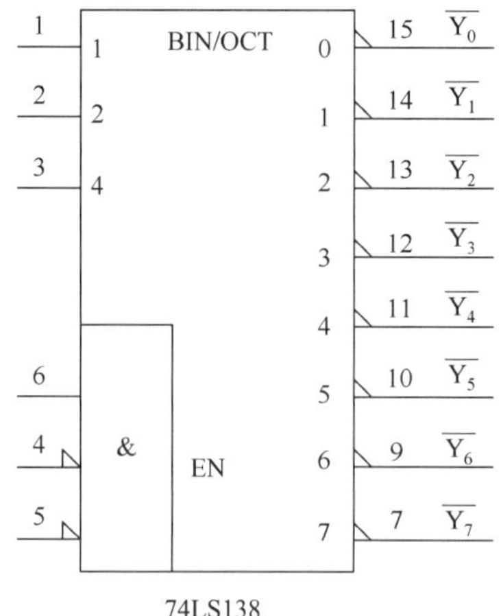

3. 用与非门设计一个两地控制逻辑电路，要求在 A、B 两地的开关都能独立控制负载的通电或断电（提示：A、B 两个输入变量中 1 的个数为奇数时，逻辑输出为 1；否则为 0）。